绿色建筑设计一本通

羊 烨 李 聪 钟 静 著

中国建筑工业出版社

图书在版编目（CIP）数据

绿色建筑设计一本通 / 羊烨，李聪，钟静著．—北
京：中国建筑工业出版社，2022.11
ISBN 978−7−112−27717−9

Ⅰ. ①绿…　Ⅱ. ①羊…　②李…　③钟…　Ⅲ. ①生态建
筑−建筑设计−研究　Ⅳ. ① TU201.5

中国版本图书馆 CIP 数据核字（2022）第 141542 号

责任编辑：滕云飞
责任校对：赵　菲

绿色建筑设计一本通

羊　烨　李　聪　钟　静　著

*

中国建筑工业出版社出版、发行（北京海淀三里河路9号）
各地新华书店、建筑书店经销
北京蓝色目标企划有限公司制版
河北鹏润印刷有限公司印刷

*

开本：850毫米×1168毫米　1/16　印张：13¼　字数：308千字
2023年4月第一版　　2023年4月第一次印刷
定价：39.00元
ISBN 978-7-112-27717-9
（39889）

目　录

第一章 概 论

一、绿色建筑

1 概念

绿色建筑的定义分为狭义和广义两种。广义的绿色建筑有多种定义，大卫和鲁希尔·帕卡德基金会从环境负荷的角度给出过一个定义："任何一座建筑，如果其对周围环境所产生的负面影响要小于传统的建筑，那么它就是一座绿色建筑"。[1] 美国能源署认为绿色建筑扩展了经典建筑理论中关于实用性、经济性、耐久性和舒适性的要求，其定义更为具体：绿色建筑，是指全生命周期内（从选址到设计、建造、运营、维护、改造和拆除），环境友好，资源利用率高的建筑物，其同义词包括可持续建筑，高性能建筑等 [2]。探索绿色建筑的人文理念，绿色建筑终究是为人服务的：绿色建筑是将人们生理上、精神上的现状和其理想状态结合起来，是一个完全整体的设计，一个包含先进技术的工具。绿色建筑关注的不仅是物质上的创造，而且包括经济、文化交流和精神上的创造 [3]。

近年来，世界范围内气候变化、环境问题和能源、资源的危机使绿色建筑的研究重心更多地偏向对建筑技术、建筑性能、建筑物对环境的影响。绿色建筑的评价成为一门显学。如果将符合各种绿色建筑评价标准的建筑定义为狭义的绿色建筑，那么绿色建筑的历史溯源至 1990 年英国 BRE 发布的第一个绿色建筑评价工具——BREEAM，至今

有 30 年左右的历史。近年来，我国城市建设和地产开发所经历的所谓黄金年代和白银年代，极大地促进了绿色建筑的发展，《绿色建筑评价标准》GB/T 50378—2014 中对绿色建筑的定义深入人心：在全生命期内，节约资源、保护环境、减少污染，为人们提供健康、适用、高效的使用空间，最大限度地实现人与自然和谐共生的高质量建筑。在这个概念下，实现绿色建筑的手段常常简称为"四节一环保"。

对绿色建筑的研究可以分为宏观、中观、微观三个层级：

1）层级 I——宏观层级

研究建筑部门的总体能耗水平，碳排放水平等，研究的对象包括建筑对能源、资源的消耗，与全球地理气候环境之间的关系。但相关统计数据的口径不一。例如，国际能源机构（International Energy Agency，IEA）发现建筑工业对能源的消耗和 CO_2 排放量占全球总量的比例分别达到 40% 和 24%[4]；欧盟范围内，21.6% 的一次能源用于建筑领域 [5]；我国 85% 的 CO_2 排放量来自城市 [6]。

2）层级 II——中观层级

中观层级是指建筑与微气候之间的关系。微气候的概念伴随着现代气象学的发展而提出，微气候是指几千米特定区域内，由于气候偏差形成的不同地块的小尺度气候形式 [7]，大气底面边界层部分，其温度和湿度受到地面植被、土壤和地形的影响较大。而作为小范围内地方性的气候，是可以改变、改善的。因此，微气候是研究一个有限区域内的气候

1

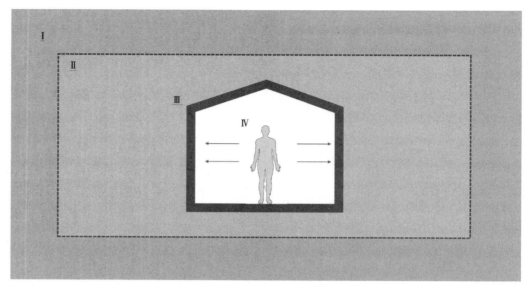

图 1-1　绿色建筑的三个层级

状况，包括建筑物周围的地面，及建筑物屋面、墙体等特定区域的太阳辐射、空气温度、湿度、压力、风速等。绿色建筑应是该区域内自然气候的调节器，通过利用和调节，建筑既能满足人类的使用和舒适需求，又利于形成建筑与自然的良性关系[8]。

3）层级 III——微观层级

微观层级包含建筑单体和建筑室内环境两部分内容。建筑单体即建筑本体层级，包括建筑的主体结构、围护系统、设备系统等，涉及各种技术手段，比如，装配式建筑，垂直绿化，高性能的外围护，高效率的采暖、通风和空调（HVAC）系统等；建筑室内环境即人的层级，研究建筑的使用者在室内空间的舒适度，人的行为与建筑性能之间的关系。

因此，从微观往宏观层级推演，绿色建筑的研究主要是指：基于人的需求，通过合理的建筑的规划和设计，避免对项目所在区域的微气候环境产生负面影响，甚至能优化微气候，最终目的是要达到整体建筑行业的节能减排。

2　气候适应性

气候条件是绿色建筑设计的重要的基础条件之一，各个地区的气候特征赋予每个建筑相应的底色。寒冷地区的建筑厚重，炎热地区的建筑轻盈；少雨地区的建筑屋面坡度平缓，多雨地区的建筑屋面陡峭；多台风地区的建筑以防风围墙、捆绑稻草屋顶、短檐为特色，位于无风带的建筑则可以建造出变化多端的自由造型①。

图 1-2　西北地区建筑封闭厚重（山西吕梁）

---

　　①　林宪德强调绿色建筑的风土美学，以建筑通风为线索，他归纳出北方的"封闭型通风文化"与南方的"开放型通风文化"两种"通风文化"作为建筑通风影响建筑形态的设计参考。

用建筑热工设计规范》GB 50176—2016 对气候分区和建筑热工性能的要求，将我国划分为 5 个大类，7 个主气候区，以明确建筑和气候之间的科学关系。分别为严寒地区（I、VI、VII），寒冷地区（II、VI、VII），夏热冬冷地区（III），夏热冬暖地区（IV），温和地区（V）。根据气候区的基本特征，形成该地区建筑设计的绿色设计和节能设计基础指导方针，以夏热冬暖地区为例，该区分为南北两区，北区建筑节能设计主要考虑夏季空调，兼顾冬季采暖；而南区应考虑夏季空调，可以不考虑冬季采暖[9]。

同时，气候区的特点也成为市场研发的推动力，以夏热冬冷地区为例，该地区面积广，范围大，覆盖了长江中下游很多重要的城市，如上海、杭州、南京、武汉、重庆等。与北方相比，该地区冬季气温相对温和，最低温度常常在 0℃左右，但由于没有市政集中供暖，冬季建筑室内的舒适性非常差，一些主打科技产品的地产开发商则以此为客户痛点研发产品，取得了很大的成功。

德国科学家弗拉迪米尔·柯本（Wladimir Koeppen）在 1884 年制作了一张世界范围内的气候地图，后来，气象学家鲁道夫·盖格（Rudolf Geiger）对地图做了一些修改，因此这幅地图常常又被称为 Koeppen-Geiger 地图[10]。柯本以气温和降水两个气候要素为基础，参照自然植被的分布，将全球的气候区分为：赤道潮湿性气候区（A），干燥性气候区（B），湿润性温和型气候区（C），湿润性冷温型气候区（D）和极地气候区（E），其中 A、C、D、E 为湿润气候，B 为干旱气候[11]。

在 Koeppen 的地图中夏热冬冷地区的编号为 Cfa：C 表示温和（warm temperate），f 表示高湿度（fully humid），a 表示炎热的夏季（hot summer）；相较之下，位于东北的严寒地区在 Koeppen-Geiger 地图中的编号为 Dwa、Dwb 和 Dwc，D 表示下雪（snow），

图 1-3　西南地区建筑开放轻盈（贵州黎平）

图 1-4　防台风半穴居民居（台湾）

图 1-5　无台风区的高耸屋顶（印尼苏拉威西）

依据全国各个地区的地理、气候特征，《民用建筑设计通则》GB 50352—2005 综合《建筑气候区划标准》GB 50178—93 和《民

w 表示干燥的冬季（winter dry），a、b、c 分别表示炎热的夏季（hot summer）、温和的夏季（warm summer）和凉爽的夏季（cool summer）。

3　性能和技术

绿色建筑具有强烈的性能和技术导向特点，文化、精神、伦理等层面的内容一般不在绿色建筑评价的范围之内。2014 版《标准》[①] 推动了我国绿色建筑的极大发展，"四节一环保"的说法（节能、节地、节水、节材，保护环境）与绿色建筑近似于划等号，将"绿色建筑"这一抽象的概念通过五个技术性的方法论阐释：评价建筑是否绿色，途径则是评价该建筑节约各种资源时的性能表现，即评价该建筑在消耗能源、土地、水、材料等各种资源时的使用效率。

2018 年，我国发布行业标准《民用建筑绿色性能计算标准》JGJ/T 449—2018，以统一民用建筑绿色性能的计算，其中对建筑绿色性能的定义是：民用建筑中涉及节地、节能、节水、节材和室内外环境等方面的参数和指标[12]。因此，建筑性能不仅仅指建筑单体的层面，它包含多方面的含义：一是单体在资源、能源方面的利用效率；二是建筑室外环境质量；三是建筑室内环境质量。

绿色建筑技术是实现绿色建筑的关键。仇保兴以技术为主线总结了我国绿色建筑演化的五条路径[13]，五条路线的发展有相互交叉之处：

（1）围绕"节约能源"发展的建筑节能，该路径是 2014 版《标准》的一个重点章节。与节能相关的建筑概念层出不穷，如低能耗建筑、近零能耗建筑、零能耗建筑、产能建筑、低碳建筑、零碳建筑、碳中和建筑等。

支撑建筑节能发展的技术包括组成围护结构的材料技术和不断优化的暖通设备。前者从需求端降低建筑的用能负荷，后者从供给端减少建筑能耗；

（2）围绕"建造技术"发展的装配式建筑、3D 打印建筑等，相关技术有装配式技术，计算机技术等；

（3）围绕"环境福祉营造"发展的健康建筑、适老建筑，相关技术有健康材料、新风系统、立体绿化等；

（4）围绕"传统智慧"发展的生土建筑和地方营建，涉及夯土技术等；

（5）围绕"可再生能源"发展的产能建筑，涉及太阳能、风能等可再生能源技术。

1）硬技术

硬技术分为主动式和被动式技术两种类型。2002 年，斯蒂芬·贝林（Stefan Behling）的著名三角图解呈现了"当代"和"未来"被动式、主动式和建筑形态三者之间的关联，见图 1-6，艾纳吉·阿巴罗斯（Inaki Abalos）在此基础上，结合建筑学理论历史的发展，将其扩展为过去（前现代）、现代主义和当代建筑的进化图解，见图 1-7[14]。

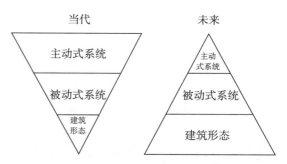

图 1-6　主动式系统—被动式系统—建筑形态（斯蒂芬·贝林）

无论是被动式还是主动式，硬技术是获得绿色建筑评价标识的必要条件。在实践层面，先进的绿色技术不断得到推广，例如在各个气候区建设的绿色建筑示范楼往往将技术展示作为一个重要内容。上海生态办公示

---

① 本书中，为叙述方便，将《绿色建筑评价标准》GB/T 50378—2014 简称为 2014 版《标准》。

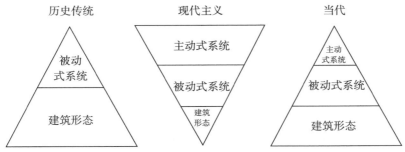

图1-7　主动式系统—被动式系统—建筑形态（艾纳吉·阿巴罗斯）

范楼是上海建科院建设打造的一栋绿色建筑示范楼。该项目结合上海市的地域特征，气候特点，集成运用了国内外60多家科研机构、企业的先进技术和研究成果，在国内第一次全面展示了具有国际水平的十大绿色建筑体系：超低能耗、自然通风、天然采光、健康空调、再生能源、绿色建材、智能控制、（水）资源回用、生态绿化、舒适环境[15]。具体到单项的建筑技术层面，则采用多样化的产品达到展示的目的，以外遮阳技术为例，本项目结合日照的规律和立面、造型设计，选用了6种遮阳手法和产品进行展示，包括建筑自遮阳、垂直向遮阳百叶、水平向遮阳百叶、外置百叶帘、轨道式遮阳篷和折臂式遮阳篷[16]。上海生态办公示范楼综合能耗比同类建筑节约75%，可再生能源利用率占建筑使用能耗的20%，可再生资源利用率达到60%。该项目于2008年获得我国首批绿色建筑三星级设计评价标识，并于2009年获得我国首批绿色建筑三星级运行评价标识。

2）软技术

计算机领域的软技术如操作程序等软件，广义的软技术要素有经验、科学知识、创造性等。软技术是以管理活动为主体，综合运用人的知识、经验、思维创新等成果，借助于物质技术手段而形成的一种综合性主体技术[17]。

对绿色建筑的评价除对物理环境如声、光、热、声等的评价点之外，还包括从运营、使用的角度，促进建筑对周边环境、人的活动进行关注，以平衡经济、社会、环境三者之间的矛盾，促进三者的共同发展。

例如，《标准》2019①在物业管理中的条文：

6.2.10 制定完善的节能、节水、节材、绿化的操作规程、应急预案，实施能源资源管理激励机制，且有效实施。

1 相关设施具有完善的操作规程和应急预案，得2分；

2 物业管理机构的工作考核体系中包含节能和节水绩效考核激励机制，得3分。

4　意义

人类已经成为地球上消耗能源、资源的最大力量。自从20世纪70年代，地球一直处于生态超负荷的状态，我们每天消耗的资源能源都远超过地球能够再生的能力，如今，我们每天的资源消耗量相当于1.6个地球可以提供的资源总量[18]，但是，人类同时也是能够为其他生物提供健康和福祉的主要力量[19]。

绿色建筑已经成为可持续发展的重要组成部分。可持续发展三要素——经济效益、社会公平、环境良好三者之间实则存在一定的冲突，见图1-8。绿色建筑的意义在于平衡三要素的关系，在不损害未来的利益基础上，为建筑的使用者提供舒适、健康的室内环境。

---

① 本书中将《绿色建筑评价标准》简称为《标准》，该标准目前有2014版和2019版之分。

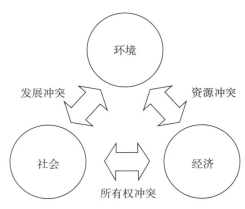

图 1-8　环境、社会、经济的冲突 [20]

二、绿色建筑评价

绿色建筑评价标准有两个近义词，分别是绿色建筑评价体系和绿色建筑评价工具，翻译成英文分别是 Green Building Rating System 和 Green Building Rating Tool，前者强调评价标准的系统性，后者强调其工具性。体系（System）化的绿色建筑评价标准是确定建筑是否"绿色"，并评价其"绿色"程度最直接的工具（Tool）。

1　规范和标准

1）规范

各领域内国家和行业规范构成了绿色建筑标准的基础。例如，在我国的《标准》2019中，各条文结合相关行业标准，对建筑的声、光、热环境进行评价。以声环境评价为例，评价标准中涉及的相关规范有用于室内声环境评价的《民用建筑隔声设计规范》GB 50118 和室外声环境评价的《声环境质量标准》GB 3096。评价标准依据建筑能够达到的规范中对性能的达标程度赋予相应的分值。

例如，《标准》2019 评价声环境：

8.2.6 场地内的环境噪声优于现行国家标准《声环境质量标准》GB 3096—2008：

1 环境噪声值大于 2 类声环境功能区标准限值，且小于或等于 3 类声环境功能区标准限值，得 5 分；

2 环境噪声值小于或等于 2 类声环境功能区标准限值，得 10 分。

2）标准

绿色建筑的形式语言呈现多样化的图景，而各种图景往往由不一样的要素所推动产生。斯特凡诺·博埃里（Stefano Boeri）设计的米兰垂直森林（Vertical Forest）在城市中心建造了一个高层生物多样性的系统，在不侵占城市土地的前提下增加了城市绿化率；托马斯·赫尔佐格（Thomas Herzog）设计的办公建筑，通过先进的建筑材料和精细的构造，实现很高的建筑性能；诺曼·福斯特（Norman Foster）设计的德国国会大厦改造，将被动式的自然通风技术融合进穹顶的形式，穹顶之下的空间成为一个屋面上的城市共享客厅。

米兰垂直森林

汉诺威博览会 26 号展厅

德国国会大厦的穹顶

图 1-9　绿色建筑的形式语言呈现多样化的图景

图 1-11　上海中心[21]

绿色建筑评价则为绿色建筑设计提供了一套"公式"：建筑通过设计阶段和运营阶段的多种途径，实现既满足人体舒适，又节约资源、能源的目标。评价内容包括了对景观绿化、建筑材料，以及室内通风模式的要求等，但对建筑的形式并没有直接的影响。绿色建筑的评价点多，在各个领域的赋分相对均衡，不对某种形式类型有偏好。例如，木结构在材料性能方面具有突出优势，玻璃幕墙作为围护结构时的热工性能较差，但绿色建筑评价并没有导致大量的木结构建筑出现，也没有导致玻璃幕墙建筑的大量减少。评价得分高的建筑，表明其绿色性能高，在各评价领域的表现较为均衡，其外在的形式可以是多种多样的。例如，上海自然博物馆和上海中心都是绿色三星建筑，前者是形态自由的多层建筑，后者则是形态规则、全玻璃幕墙的超高层建筑，见图 1-10 和图 1-11。

目前国内常用的绿色建筑评价体系有我国的《绿色建筑评价标准》GB/T 50378（ASGB），国外体系有美国的 LEED，英国的 BREEAM，德国的 DGNB 等，他们通过对建筑（群）全生命周期内的设计、建造和运营等各个阶段采用的方式、手段进行评估，并给出相应的分数，以评价建筑（群）对环境的产生影响。被评价建筑（群）的得分高，表示其在满足使用者舒适、健康需求的条件下，对环境的负面影响低。

（1）LEED

LEED 是 Leadership in Energy and Environmental Design 的缩写，翻译成中文为能源与环境设计先锋，是由民间机构美国绿色建筑委员会（U.S. Green Building Council，缩写 USGBC）编写的一个绿色建筑认证工具。由于简洁易操作的特点，以及美国强大的市场推广能力，LEED 已经成为世界上最受欢迎的一个评价体系。LEED 对不同的建筑类型有针对性的标准，通常称为 LEED 家族，2014 年发布的 LEED v4 的家族成员包括新建建筑和大规模改造（LEED BD+C）、室内设计（LEED ID+C）、运维（LEED O+M）、邻里（LEED ND）、家园（LEED Homes）、

图 1-10　上海自然博物馆（来源：perkinswill 官网）

城市和社区（Cities and Communities）等。LEED 由 9 大领域组成，包括整合过程（Integrative Process）、区位和交通（Location and Transportation）、可持续场地（Sustainable Sites）、用水效率（Water Efficiency）、能源和空气（Energy and Atmosphere）、材料与资源（Materials and Resources）、室内空气质量（Indoor Environmental Quality）、创新（Innovation）和地域优先（Regional Priority）。

（2）BREEAM

英国建筑研究组织环境评价法 BREEAM（Building Research Establishment Environment Assessment Method）是世界上第一个绿色建筑评价标准，由英国建筑研究所（Building Research Establishment，BRE）于 1990 年发布。BREEAM 是一种环境性能标准，它的目标是减少建筑物对环境的影响，并以此创造更高的价值，以及更低的市场风险，体系涵盖了从建筑空间、结构、机电到场地布局、生态价值的完整范围，其评价点包括 10 大方面：管理（Management）、健康与福祉（Health and Wellbeing）、能源（Energy）、交通（Transport）、水资源（Water）、材料（Materials）、垃圾（Waste）、土地与生态（Land Use and Ecology）、污染（Pollution）、创新（Innovation）。BREEAM 建立了绿色建筑评估的基本框架，后来的评价体系大多都采用这种模式，从室外环境、室内环境、交通、能源等多个要素制定得分点，赋予分值和权重，加和后得到建筑的绿色性能总分值。

BREEAM 是一个国际化的标准，截至 2019 年，已经被用于认证 57 万多项建筑生命周期的建筑评估，并在 85 个国家得到应用[22]。

（3）DGNB

德国的 DGNB（Deustsche Gesellschaft für Nachhaltiges Bauen）是德国可持续性建筑委员会打造的绿色建筑评价标准，发布时间较晚，以建筑质量的评估为核心，由于其对建筑的经济性以及建筑在全生命周期内性能的全面考虑和评价，被称为第二代的绿色建筑评价标准。DGNB 评价体系的结构与 BREEAM、LEED 等有所不同，它包含 6 个大的方面，其中环境质量（Environmental Quality）、经济质量（Economic Quality）、社会质量（Socialcultural and Functional Quality）为基础，技术质量（Technical Quality）、程序质量（Process Quality）和场地质量（Site Quality）为辅助。DGNB 有三重权重体系，根据 2018 版本，评价建筑按分值分为 4 个级别，分别为白金级（Platinum）、金级（Gold）、银级（Silver）和铜级（Bronze）。

（4）《绿色建筑评价标准》GB/T 50378（ASGB）

我国的绿色建筑评价体系常称为绿建三星，全称为《绿色建筑评价标准》GB/T 50378，第一版于 2006 年颁布实施，其后于 2014 年和 2019 年有两版修订。早期的版本与 LEED 相似，从场地、交通、材料等方面制定评价框架，最新版本《绿色建筑评价标准》GB/T 50378—2019 改动较大，整体评价内容由 6 大部分组成，分别为安全耐久，健康舒适，生活便利，资源节约，环境宜居和提高与创新，同时取消了 2014 版本中的权重系统设置。评价等级分为三星级、二星级、一星级和基本级。

3）其他评价标准

除 LEED、BREEAM、DGNB 等绿色建筑评价标准，还有其他多种侧重绿色建筑某一方面的评价标准，伴随着社会、经济的发展和绿色建筑及评价的发展，人们对建筑的需求多样化，相关的评价工具也呈现多样化，如侧重健康性能的 WELL 标准和侧重能耗表现的被动房标准。

4 个评价标准的比较　　　　　　　　　　　　表 1-1

标准	BREEAM	LEED	DGNB	ASGB
版本	SD5078	v4	2018 版	2019 版
国家地区	英国	美国	德国	中国
打分方式	两级权重	无权重	三级权重	无权重
权重	二级权重	无权重	三级权重	无权重
最低认证	≥ 30%	40 ~ 49	≥ 50%	≥ 60
	一星	认证级	银级	一星
最高认证	≥ 85%	≥ 80	≥ 65%	≥ 85
	五星	白金级	白金级	三星

商业开发过程中，开发商往往会申请多个评价标识，以提高项目的品质和溢价能力。例如，上海金茂府项目同时申请我国的绿色建筑和英国的 BREEAM 标识，朗诗的布鲁克楼同时申请我国的绿色建筑、德国 DGNB、Passive House 标识，上海远洋万和四季同时申请我国的绿色建筑和美国 WELL 标识等。

（1）WELL 标准

WELL 建筑标准非常年轻，经过 6 年的研发，由国际 WELL 建筑研究院（International Well Building Institute，IWBI）于 2014 年 10 月推出，为建筑、社区和室内空间提供一套健康相关的评价标准，用于支持和提升人们的健康（Human Health）和福祉（Human Wellness）。WELL 将人体的健康与建筑的相关要素相挂钩，第 1 版的 WELL 建筑标准有 7 大健康类别，分别为：空气（Air）、水（Water）、营养（Nourishment）、光（Light）、健身（Fitness）、舒适度（Comfort）和精神（Mind）；7 大类别与 10 项日常活动特征有对应关系：注意力（Focus）、精力（Energy）、体型（Form）、睡眠（Sleep）、压力（Stress）、长寿（Longevity）、生长发育（Development）、活力（Vitality）、康复力（Resilience）、规律作息（Alignment）。

2018 年 5 月发布的 WELL v2 将 v1 的 7 个概念扩展为 10 个概念：空气、水、营养、光、运动、热舒适、声环境、材料、精神和社区。原有的健身概念加入人体工程学的内容，形成运动的概念；舒适度的概念分为热舒适和声环境两个部分；同时，将原来空气和精神章节中的材料内容分离出来形成新的一章；并且，增加了社区的概念，强调公平性、参与度和社区凝聚力[23]。截至 2020 年，WELL 在 58 个国家得到应用，覆盖 3950 个项目，超过 4.9 亿平方英尺（约 4550 万 m²）的面积[24]。

2017 年，为提高人民健康水平，贯彻健康中国战略，由我国建筑科学研究院推出《健康建筑评价标准》（Assessment Standard for Healthy Building），申请健康建筑标准的项目必须首先是绿色建筑[25]。与 WELL 标准相似，其对建筑的空气、水、舒适、健康、人文、服务等指标进行综合评价。

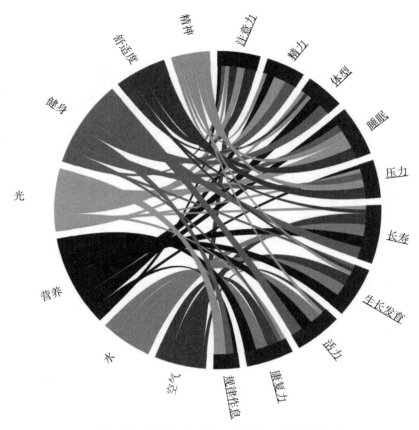

图 1-12　WELL v1 的 7 大方面与人体的关系

（2）被动房标准

被动房（英语 Passive House，德语 Passivhaus）设计理念已有 30 年左右的历史，由德国菲斯特教授（Prof. Dr. Wolfgang Feist）和瑞典阿达姆森教授（Prof. Bo Adamson）在 20 世纪 80 年代提出。1991 年，世界上第一栋被动房于德国达姆施塔特的克朗尼施坦因（Darmstadt-Kranichstein）建造，见图 1-13。被动房标准与上述 4 个绿色建筑标准有比较大的差别，它主要针对能耗指标，同时也涉及室内的空气品质，而对交通、材料、水资源等其他方面都没有涉及。我国引进被动房标准后，经过多年在不同气候区域的实践，总结经验，尝试建立本地化的被动式超低能耗建筑标准，目前，河北省、黑龙江省、山东省等都陆续推出了各自的地方标准，推动节能产业的发展。

图 1-13　第一栋被动房[26]

实现被动房标准主要有 5 大技术手段，分别是外墙保温、高性能门窗、高气密性、无热桥设计以及高效的热回收新风系统，其中 4 项技术与外围护结构相关，见图 1-14。

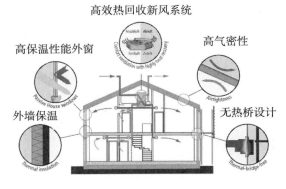

高效热回收新风系统

高保温性能外窗　　　　　　高气密性

外墙保温　　　　　　　　　无热桥设计

图 1-14　被动房 5 大技术体系

因此，被动房的评价维度相对简单，它从能耗和健康两个维度搭建整体框架，以能耗维度为主，健康维度为辅：在满足最低通风量要求的前提下，将采暖 / 制冷需求（Heating/Cooling Demand）控制在最低限度；围护结构的保温性能和气密性能是其评价和测试的核心参数。因此，被动房的评价标准也非常直接、明确。在德国地区，被动房标准主要考察三个指标：

①采暖需求不大于 15kWh/（m² · a）；
②一次能源需求不大于 120kWh/(m² · a)；
③气密性：室内外压差 50Pa 时，室内外换气次数不大于 0.6/h。

在世界范围内推广的过程中，被动房标准在不同的气候区有针对地进行了适应性调整，例如，在中国地区增加制冷需求的评估。值得注意的是，被动房的计算和评估采用自成体系的一套方法，计算软件是基于稳态计算研发 PHPP，采暖或者一次能源的赋值单位为 kWh，但并不表示实际的用电量，其仍然是用能需求的概念。

可以说，被动房标准是一个"偏科"标准。有学者并不将其划入常规的绿色建筑标准（Standard）类别，与其说被动房的评价是一个标准（Standard），它更是一个工具（Tool），具有更强的工具性[27]。

被动房标准对建筑节能的要求很高，一个通过被动房标准认证或超低能耗认证的建筑基本上都能够满足《绿色建筑评价标准》GB/T 50378 中关于建筑节能的要求。

2　《绿色建筑评价标准》（2019）

我国于 2006 年发布第一版《绿色建筑评价标准》（Assessment Standard for Green Building，缩写为 ASGB），2014 年和 2019 年相继推出第二版和第三版，其中第二版中的"四节一环保"为核心的绿色建筑发展理念和评价体系深入人心。《绿色建筑评价标准》是推荐性标准，但是目前我国新建的住宅小区都需要进行相关的绿色建筑认证工作。

相较于 2014 版，2019 年发布的新版《绿色建筑评价标准》有比较大的改变。

首先，其对绿色建筑的定义发生改变。在全生命期内，节约资源、保护环境、减少污染，为人们提供健康、适用、高效的使用空间，最大限度地实现人与自然和谐共生的高质量建筑。

第二，评价内容的改变。评价标准的主体结构从"节能、节地、节水、节材、保护环境"调整为 5 类指标："安全耐久，健康舒适，生活便利，资源节约，环境宜居"。原标准中的评价主体"四节"全部归类到"资源节约"章节中。

第三，评价方式的根本性变革。新的评价体系下，不再有设计评价，但最后的评价阶段提前。《标准》2014 将评价分为设计评价和运营评价，建筑竣工并运营一年后可以申请运营标识；而新版本中，两个阶段分别调整为预评价和评价：设计阶段仅能获得预评价，建筑竣工后即可申报最终的评价。

第四，打分方式的改变。2014 版本评分有得分、不得分、不参评项三种类型，2019 版取消了不参评项。此外，新版本取消了老版中的权重体系，简化了评分方法和过程。

第五，评价等级改变。2014 版本评价等级包括"一星级""二星级""三星级"，2019

版本中增加了"基础级"。

《标准》2014 和 2019 版本对比　　表 1-2

	2014 版本	2019 版本
评价框架	节能、节地、节水、节材、保护环境	安全耐久，健康舒适，生活便利，资源节约，环境宜居
评价方式	设计评价，运营评价	预评价，评价
打分方式	得分、不得分和不参评项	得分、不得分
	权重计分	无权重
评价等级	一星级、二星级、三星级	基础级、一星级、二星级、三星级

从上述 2019 版本《绿色建筑评价标准》的改变中可以看出对绿色建筑价值取向变化的趋势。首先，核心概念"以人为本"的强化，新标准更加强调服务、健康、平等、共享、全龄适用等；其次，强调运行实效；第三，简化评分方式，使标准更易于操作。

1）体系和赋分

大部分的绿色建筑评价体系相似，结构框架采用层次分析法（Analytic Hierarchy Process，AHP）搭建，多以三级或四级目录组成[28]。以 BREEAM 为例，类别（Category）—条文（Criteria）—指标（Indicator）三级目录分别对应 AHP 法中的目标层，准则层和指标层。

《标准》2019 的结构框架采用相似的体系搭建，其级别层次分为四级，在目标层下一级目录还有一级子目标层。"资源节约"包含 I 节地与土地利用、II 节能与能源利用、III 节水与水资源利用、IV 节材与绿色建材四个子目标，子目标层"I 节地与土地利用"通过 7.2.1 节约集约利用土地、7.2.3 合理开发利用地下空间、7.2.3 停车三个条文进行评价，条文"7.2.1 节约集约利用土地"中的对居住街坊和公共建筑两种类型有两种评价赋分的方法。

（1）目标层——类别

《标准》2019 由安全耐久、健康舒适、生活便利、资源节约、环境宜居 5 大类组成。5 大类之外还设置加分项鼓励提高与创新。

（2）子目标层——目标

子目标层将目标分解为多个小目标，是对目标层的二次解读。"安全耐久"分为 I 安全和 II 耐久；"健康舒适"分为 I 室内空气品质、II 水质、III 声环境与光环境、IV 室内热湿环境；"生活便利"分为 I 出行与无障碍、II 服务设施、III 智慧运行、IV 物业管理；"资源节约"分为 I 节地与土地利用、II 节能与能源利用、III 节水与水资源利用、IV 节材与绿色建材；"环境宜居"分为 I 场地与生态景观、II 室外物理环境。

（3）准则层——条文

大类别中的条文分为控制项条文和评分项条文，其中控制项 400 分，每一个大类中的评分项的满分值为 100 分（其中，生活便利的预评价总分值为 70 分）。此外，加分项总的分值为 180 分，但是能获得最高分值为 100 分。

目标层	准则层	方案层
类别（Category）	条文（Criteria）	指标（Indicator）

图 1-15　BREEAM 的结构[28]

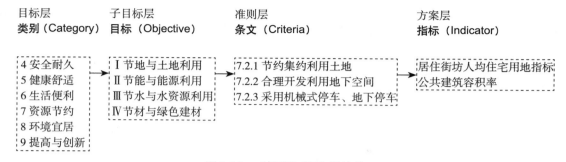

目标层　　　子目标层　　　　准则层　　　　　　方案层
类别（Category）　目标（Objective）　条文（Criteria）　指标（Indicator）

图 1-16　《标准》2019 的结构

（4）方案层——指标

指标用以评判条文性能或技术的达标情况，并给条文赋分。大部分的条文都有分项指标，少量没有。如条文 4.2.1 没有分享指标，规定"采用基于性能的抗震设计并合理提高建筑的抗震性能"，则获得 10 分。

（5）赋分

给条文赋分方式有多种场景，最常用的包括直接赋分、累计赋分和递进赋分等三种。

例如，

直接赋分

4.2.1. 采用基于性能的抗震设计并合理提高建筑的抗震性能，评价分值为 10 分。

累计赋分

4.2.9：合理采用耐久性好、易维护的装饰装修建筑材料，评价总分值为 9 分，并按下列规则分别评分并累计：

1）采用耐久性好的外饰面材料，得 3 分；

2）采用耐久性好的防水和密封材料，得 3 分；

3）采用耐久性好、易围护的室内装饰装修材料，得 3 分。

递进赋分

7.2.8：采取措施降低建筑能耗，评价总分值为 10 分。建筑能耗相比国家现行有关建筑节能标准降低 10%，得 5 分；降低 20%，得 10 分。

2）分值和等级

预评价阶段绿色建筑相关条文总分值分布见表 1-3。

《标准》2019 取消权重后，得分计算按下式计算：

$$Q=（Q_0+Q_1+Q_2+Q_3+Q_4+Q_5+Q_A）/10$$

式中，Q——总得分；

Q_0——控制项基础分值，当满足所有控制项的要求时得400分；

Q_1-Q_5——分别表示 5 类目标层的评分项总得分；

Q_A——提高和创新的得分。

预评价阶段可以获得的总得分为 170 分。《标准》2019 将绿色建筑划分为基本级、一星级、二星级、三星级 4 个等级。

3）控制项和评分项

《标准》2019 的条文分成控制项和评分项两种类型。控制项具有一票否决权，是评

绿色建筑预评价总分值分布　　　　　　　　　　　表 1-3

控制项	评分项满分值					提高和创新
	安全耐久	健康舒适	生活便利	节约资源	环境宜居	
400	100	100	70	200	100	100

注：目标层"生活便利"含运营评价分值 30 分（子目标层 IV 物业管理，包含条文 6.2.10-6.2.13），提高和创新条文 9.2.8 为施工相关条文，预评价阶段不得分。

价项目必须要满足的条文，评定结果为达标或不达标。控制项的要求一般比较容易达成，例如，场地应避开危险地段，卫生间应设置防潮层，室内的采暖、制冷、照明、排水等应符合国家标准的强条等。

《标准》2019 总共有 110 项条文，其中，控制项 40 项，评分项 60 项，附加得加分条文 10 项。当满足全部控制项的要求时，评价项目的绿色性能为基本级。评分项的总得分决定了绿色建筑的评定星级。

4）评价条文和评价体系的相关性

评价条文之间有相关性：一方面，不同类别（Category）和目标（Objective）中的条文往往与同一个性能相关。例如，健康舒适（Category）—室内热湿环境（Objective）中的条文 5.2.10 和环境宜居（Category）—室外物理环境（Objective）中的条文 8.2.8 均指向建筑（群）风环境的自然通风。

5.2.10 优化建筑空间和平面布局，改善自然通风效果，评价总分值 8 分。

8.2.8 场地内风环境有利于室外行走、活动舒适和建筑的自然通风，评价总分值为 10 分。

另一方面，同一个技术手段能够实现多个条文的得分。例如，外遮阳技术改善室内得热舒适，有效降低建筑空调负荷，有利于健康舒适（Category）—室内热湿环境（Objective）中的条文 5.2.11 和资源节约（Category）—节能与能源利用（Objective）中的条文 7.2.4 的得分。

5.2.11 设置可调节遮阳设施，改善室内热舒适，评价总分值为 9 分。

7.2.4 优化建筑围护结构的热工性能，评价总分值 15 分。

3 得分点分类

绿色建筑的性能丰富多样，涉及建筑项目的方方面面。《标准》2014"四节一环保"的分类颇具方法论指导意义。相比较 2014 版本，《标

准》2019 的结构调整很大，拓展了绿色建筑的内涵，在对能源、资源的评价之外增加了生活、舒适、便利等多维度的评价，形成新的 5 大性能体系。其中，资源节约相关的性能评价点最为密集，包括资源、能源、材料等各种方面。

本书将其中各评分项条文按照对设计的影响程度重新分类（1）前置条件：相关内容是上位规划和建成环境所具备的条件；（2）规划设计：相关内容直接引导群体布局和建筑形式的产生；（3）技术手段：相关内容主要导向为技术手段和产品方案，并对前期设计有一定影响；（4）对设计影响较小：后期建造过程中，材料、产品的最优选择，对策划和设计的决策影响较小。分类见表 1-4。

在表 1-4 中，黑色区域如 4.2.1 结构的抗震安全性 表示"对设计影响较小"，总分值 124 分；深灰色区域如 5.2.1 控制污染物浓度 表示"技术手段"，对设计有一定影响，总分值 161 分；浅灰色区域 5.2.6 声环境 表示"规划设计"，直接引导设计，总分值 202 分；白色区域 6.2.1 公共交通的可达性 表示"前置条件"，对策划、设计的影响最大，总分值 83 分。分值分布见图 1-17。本书重点介绍对设计产生影响的三类条文：前置条件（第二章）、规划设计（第三章）和技术手段（第四章）。

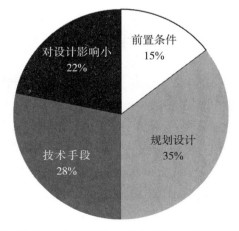

图 1-17 评价性能分值和占比

得分点分类　　　　　　　　　　　　　　　　表 1-4

4 安全耐久	5 健康舒适	6 生活便利	7 资源节约	8 环境宜居
4.2.1 结构的抗震安全性	5.2.1 控制污染物浓度	6.2.1 公共交通的可达性	7.2.1 节约利用土地	8.2.1 保护修复场地生态
4.2.2 保障人员安全	5.2.2 装饰装修材料	6.2.2 无障碍的可达性	7.2.2 开发地下空间	8.2.2 雨水径流
4.2.3 部品部件的安全性	5.2.3 水质	6.2.3 配套服务的可达性	7.2.3 停车	8.2.3 绿地
4.2.4 地面防滑	5.2.4 储水设施	6.2.4 开场空间的可达性	7.2.4 围护结构的节能	8.2.4 吸烟区
4.2.5 人车分流	5.2.5 标识	6.2.5 健身空间的可达性	7.2.5 设备系统的能源端	8.2.5 绿色雨水设施
4.2.6 建筑的适应性	5.2.6 声环境	6.2.6 能源分项计量	7.2.6 设备系统的末端和输配送	8.2.6 室外声环境
4.2.7 部品部件的耐久性	5.2.7 构件的隔声性能	6.2.7 空气质量监测	7.2.7 电气设备	8.2.7 室外光环境
4.2.8 结构的耐久性	5.2.8 室内光环境	6.2.8 用水计量和监测	7.2.8 降低能耗	8.2.8 室外风环境
4.2.9 材料的耐久性	5.2.9 室内热环境	6.2.9 智能控制系统	7.2.9 可再生能源	8.2.9 室外热环境
	5.2.10 室内风环境		7.2.10 节水器具	
	5.2.11 可调节的遮阳		7.2.11 绿化灌溉和空调冷却水	
			7.2.12 景观水体	
			7.2.13 非传统水源	
			7.2.14 装修一体化	
			7.2.15 结构材料合理	
			7.2.16 内装产品工业化	
			7.2.17 可再利用的材料	
			7.2.18 绿色建材	

4　意义

《绿色建筑评价标准》GB/T 50378 已然成为我国最受欢迎的绿色建筑评价标准。它一方面极大地推动了我国绿色建筑的发展，另一方面对于建筑自身而言，它成为提升建筑品质和性能的重要手段。

首先，绿色建筑评价体系为绿色建筑的实现提供了一套全面的方法论。"绿色""生态""健康"的建筑和居住区不再停留在理念阶段，或者仅仅是某单一技术层面，例如室外环境绿化。旧版《标准》2014 将绿色设计的理念落实为建筑在资源节约层面的表现，形成了切实的指导方针。此外，绿色建筑评价体系关注建筑的全生命周期，对建筑工程

的策划—设计—施工—运营各个阶段都有全面的指导和评价。截至 2017 年底，我国获得绿色建筑评价标识的项目累计超过 1 万个，建筑面积超过 10 亿 m² [29]。

第二，绿色建筑评价体系使绿色建筑的理念深入人心。绿色建筑的理念和技术与建筑使用者的工作、生活密切相关，获得绿色建筑评价标识的建筑越来越多，绿色建筑的优势和价值被越来越多的使用者所熟知和体验，同时，绿色标识也鼓励使用者形成良好的"绿色行为"。新版本的《标准》2019 在 2014 版本所提的资源节约的基础上，又提出了安全、舒适、便利等评价条文，强调服务、健康、平等、全年龄适用等价值点，进一步体现了绿色建筑"以人为本"的核心价值[30]。

参 考 文 献

[1] 刘加平，董靓，孙世钧. 绿色建筑概论 [M]. 北京：中国建筑工业出版社，2010.

[2] Basic Information | Green Building |US EPA[OL]. [2020-01-16]. https：//archive.epa.gov/greenbuilding/web/html/about.html.

[3] 顾孟潮. 一幢杰出的绿色建筑设计——伦敦的空中农场摩天楼 [J]. 重庆建筑，2016，15（12）：60.

[4] AN J H，BAE S G，CHOI J，et al. Sustainable design model for analysis of relationships among building height，CO_2 emissions，and cost of core walls in office buildings in Korea[J]. Building and Environment，2019，150（MAR）：289-296.

[5] LO BASSO G，SANTOLI L de，PAIOLO R，et al. The potential role of trans-critical CO 2 heat pumps within a solar cooling system for building services：The hybridised system energy analysis by a dynamic simulation model[J]. Renewable Energy，2021，164：472-490.

[6] A P L，C B L B，B H Z D，et al. CO 2 emissions from urban buildings at the city scale：System dynamic projections and potential mitigation policies[J]. Applied Energy，277.

[7] GAITANI N，MIHALAKAKOU G，SANTAMOURIS M. On the use of bioclimatic architecture principles in order to improve thermal comfort conditions in outdoor spaces[J]. Building and Environment，2007，42（1）：317-324.

[8] 韩冬青，顾震弘，吴国栋. 以空间形态为核心的公共建筑气候适应性设计方法研究 [J]. 建筑学报，2019（04）：78-84.

[9] 中华人民共和国住房和城乡建设部. 夏热冬暖地区居住建筑节能设计标准 [M]. 北京：中国建筑工业出版社，2012.

[10] World Maps of Köppen-Geiger climate classification[OL]. [2019-12-13]. http：//koeppen-geiger.vu-wien.ac.at/present.htm.

[11] 朱颖心 主编. 建筑环境学（第三版）[M]. 北京：中国建筑工业出版社，2014.

[12] 中华人民共和国住房和城乡建设部. 民用建筑绿色性能计算标准 [M]. 北京：中国建筑工业出版社，2018.

[13] 仇保兴. 我国绿色建筑回顾与展望 [J]. 建筑节能，2019，47（05）：1-4.

[14] 李麟学. 热力学建筑原型 环境调控的形式法则 [J]. 时代建筑，2018（03）：36-41.

[15] 汪维，韩继红，刘景立，等. 上海生态建筑示范楼技术集成体系 [J]. 住宅产业，2006（06）：76-81.

[16] 张宏儒. 上海生态办公示范楼建筑设计 [J]. 新建筑，2006（04）：48-53.

[17] 马庆国，胡隆基，颜亮. 软技术概念的重新界定 [J]. 科研管理，2005（06）：101-107.

[18] Ecological Footprint - Global Footprint Network[OL]. [2020-11-24]. https：//www.footprintnetwork.org/our-work/ecological-footprint/#worldfootprint.

[19] 霍利·亨德森. 如何成为绿色建筑师：可持续建筑，设计，工程，开发和运营的职业指南 [M]. 第一版. 北京：中国建筑工业出版社，2018.

[20] 戴代新，李明翰. 美国景观绩效评价研究进展 [J]. 风景园林，2015（01）：25-31.

[21] ARTHUR GENSLER，任力之，陈继良. 上海中心 [J]. 建筑学报，2019（03）：28-34.

[22] BREEAM：the world's leading sustainability assessment method for masterplanning projects，infrastructure and buildings - BREEAM[OL]. [2019-12-13]. https：//www.breeam.com/.

[23] 袁梦，张群，成辉，等. 美国 WELL 建筑标准评价框架与指标内容演变 [J]. 建筑科学，2019，35（12）：144-151.

[24] WELL Certified | International WELL Building Institute[OL]. [2020-12-03]. https：//www.wellcertified.com/.

[25] 中国建筑科学研究院. 健康建筑评价标准 [M]. 北京：中国建筑工业出版社，2017.

[26] The world's first Passive House，Darmstadt-Kranichstein，Germany [ ][OL]. [2020-07-15]. https：//passipedia.org/examples/residential_buildings/multi-family_buildings/central_europe/the_world_s_first_passive_house_darmstadt-kranichstein_germany.

[27] CARMEN DÍAZ LÓPEZ，CARPIO M，MARIA MARTÍN-MORALES，et al. A comparative analysis of sustainable building assessment methods[J]. Sustainable Cities and Society，2019，49：101611.

[28] LI Y，CHEN X，WANG X，et al. A review of studies on green building assessment methods by comparative analysis[J]. Energy and Buildings，2017，146：152-159. DOI：10.1016/j.enbuild.2017.04.076.

[29] 中华人民共和国住房和城乡建设部. 绿色建筑评价标准 [M]. 北京：中国建筑工业出版社，2019.

[30] 羊烨，李振宇，郑振华. 绿色建筑评价体系中的"共享使用"指标 [J]. 同济大学学报（自然科学版），2020，48（06）：779-787.

第二章　前置条件（Precondition）

前置条件包括用地的规划条件和既有的建成环境。该类型指标共 8 项，总分值 83 分，评价点包括项目的可达性、土地资源、场地生态和室外物理环境，主要分布在《标准》2019 的"生活便利""资源节约"和"环境宜居"章节中，其中土地资源的相关评价点分值最高。评价点分值和分布见表 2-1。

一、可达性

可达性是一个地方到另一个地方的容易程度[1]，决定了该项目访问和被访问的便利程度。《标准》2019 中的可达性包含公共交通可达性、配套服务可达性和城市开敞空间的可达性 3 个方面，评价项目建成后使用者获得公交、商业、户外活动的便利性。距离是评价的主要指标之一。

1 公共交通（条文 6.2.1）

公共交通的可达性通过评价场地与公交站点联系的便捷程度来判断项目的可达性，有三个方面的含义。首先，可达性指标结合公共交通进行评价，因为发展公共交通是解决城市交通拥堵的重要措施；其次，搭乘公众交通是一种低碳的出行方式，公共交通与项目便捷的联系非常关键；第三，通过公共交通能够便利到达的建筑往往具有更好的城市性，其"经济门槛"更低，能够更好地服务于城市居民，而建筑能够获得更多的流量意味着其资源利用效率更高，这对于公共建筑尤为重要。

A 评价

6.2.1 场地与公共交通站点联系便捷，评价总分值为 8 分，并按下列规则分别评分并累计：

1）场地出入口到达公共交通站点的步行距离不超过 500m，或到达轨道交通站的步行距离不大于 800m，得 2 分；场地出入口到达公共交通站点的步行距离不超过 300m，或到达轨道交通站的步行距离不大于 500m，得 4 分；

前置条件评价点　　　　　　　　　　　　　　　表 2-1

目标	条文	分值					
I 可达性（27.7%）	1 公共交通（条文 6.2.1）						8
	2 配套服务（条文 6.2.3）						10
	3 开敞空间（条文 6.2.4）						5
II 土地资源（48.2%）	1 土地资源（条文 7.2.1）						20
	2 开发地下空间（条文 7.2.2）						12
	3 停车（条文 7.2.3）						8
III 场地生态与景观（12.0%）	1 保护场地生态（条文 8.2.1）						10
IV 室外物理环境（12.0%）	1 室外声环境（条文 8.2.6）						10
总分值							83

2）场地出入口步行距离800m范围内设有不少于2条线路的公共交通站点，得4分。

B 策略

公交接驳获取分值与两方面因素有关，一是项目选址，选址时应当选择公共交通基础好的地段，或者已有公共交通规划、未来可期的地段；二是场地出入口的设计，封闭式的管理模式在我国仍会长期存在，设计时项目的出入口应当靠近公共交通站点布置。

坐落于广州二沙岛上的星海音乐厅和广东美术馆，周边景色优美，但其可达性很差，岛上的公交线路很少，也没有地铁，是一座名副其实的"文化孤岛"[2]。虽然岛上有成片绿地，绿化覆盖率很大，但从可达性的角度分析，他们的绿色性能都还有很大的提升空间（图2-1）。

C 案例

某项目建设有两个出入口，分别位于周边两条城市道路上，见图2-2。距离北侧出入口约230m处有一处公交站，包含4条公交线路；距离西侧出入口约1200m处有轨道交通站。因此，虽然该项目不满足条文6.2.1中关于地铁站的要求，但是满足其中2款关于公交站的要求，可以得到满分分值。

图 2-1 可达性不佳的建筑 [2]

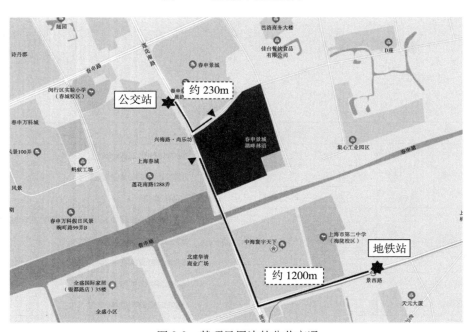

图 2-2 某项目周边的公共交通

2 配套服务（条文 6.2.3）

居住建筑所涉及的商业建筑类型是指教育、医疗卫生、文化体育、商业服务、金融邮电、社区服务、市政公用和行政管理等 8 类[3]。步行范围内可以获得的服务类型越丰富，城市居民越容易将出行的安排放在一起，以满足每天的生活所需。

A 评价

本条文中，居住建筑与公共建筑的评价方式不一样。具体如下所示：

6.2.3 提供便利的公共服务，评价总分值为 10 分，并按照下列规则评分

1 居住建筑满足下列要求中的 4 项，得 5 分；满足 6 项及以上，得 10 分。

1）场地出入口到达幼儿园的步行距离不大于 300m；

2）场地出入口到达小学的步行距离不大于 500m；

3）场地出入口到达中学的步行距离不大于 1000m；

4）场地出入口到达医院的步行距离不大于 1000m；

5）场地出入口到达群众文化活动设施的步行距离不大于 800m；

6）场地出入口到达老年人日间照料设施的步行距离不大于 500m；

7）场地周边 500m 范围内具有不少于 3 种的商业服务设施。

2 公共建筑，满足下列要求中的 3 项，得 5 分；满足 5 项，得 10 分。

1）建筑内至少兼容 2 种面向社会的公共服务功能；

2）建筑向社会提供开放的公共活动空间；

3）电动汽车充电桩的车位数占总车位数的比例不低于 10%；

4）周边 500m 范围内设有社会公共停车场（停车库）；

5）场地不封闭或场地内步行公共通道向社会开放。

B 策略

对于居住建筑，该条文同容积率条文相似，建设项目在启动之初，本条文的分值可能已经确定。建设项目往往不能决定项目之外是否有幼儿园、小学、中学，而项目是否可以自己配建商业，也得依据土地出让条件确定。

对于公共建筑，《标准》2019 中不仅仅强调从本项目前往其他区域的可达性、便利性，也强调其他区域的人能够方便地从本项目获取服务，例如公共建筑类型，应当可以向社会开放共享一些可能的服务，像图书馆、体育馆、室外场地等。这些是可以通过优秀的前期策划和建筑设计实现的，为项目建成后预留向外界开放的通道，服务的界面。

C 案例

位于深圳福田区的深圳建科大楼探索"本土、低耗、精细化"的绿色建筑理念，获得了绿色建筑的设计＋运营标识。共享的理念贯穿于设计和运营阶段，设计阶段与自然共享，实现风、光、热的被动式设计；运营阶段与社会共享，让渡建筑空间，向社区共享幼儿园、图书馆等功能，为社区服务。

共享的社区幼儿园　　　　　　共享的社区图书馆

图 2-3　深圳建科院

3 开敞空间（条文6.2.4）

除了教育、医疗等各种配套服务，建筑、社区周边还应当有一些城市广场、开敞绿地，作为居民开展各种户外活动的公共空间，能够促进交往，构建邻里和睦，社区和谐的氛围。

A 评价

6.2.4 城市绿地、广场及公共运动场地等开敞空间，步行可达，评价总分值为5分，并按下列规则分别评分并累计：

1）场地出入口到达城市公园绿地、居住区公园、广场的步行距离不大于300m，得3分；

2）到达中型多功能运动场地的步行距离不大于500m，得2分。

B 策略

建设项目向城市"索取"公共空间，公共空间的距离要在步行可达的范围内。城市上位规划中，周边有较大规模开放空间时，该条文较易得分。应该注意的是，条文中所说的中型运动场地有一定的规模要求，面积在1310～2460m²，能提供篮球、排球、5人足球等活动场地[3]。

C 案例

位于上海黄浦江畔的建设项目具有该条文的天然得分优势。黄浦江江畔的滨江区域已经完成建设，开放共享，成为宜游、宜玩的城市开敞空间，为社区和居民提供大面积的绿地、公园、跑道、球场、幼儿游乐场等。

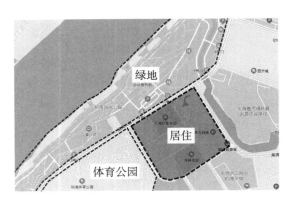

图 2-4 居住区和周边的开敞空间

图 2-5 前滩公园（来源：作者自摄）

相关阅读

随着共享经济的快速发展，共享空间成为激活既有社区的积极空间，为社区居民提供多样的配套服务。我国的《绿色建筑评价标准》是由住房和城乡建设部组织编写，一个自上而下制定的绿色建筑设计工具，具有很强的从宏观层面指导资源配置的特点。通过鼓励居住区的公共服务设施采用集中综合建设的方式，与周边地区共享，既满足城市居民的基本生活需求，也起到节约土地和提高设施利用率的作用。配套设施、公共绿地、停车场所等空间从专享到共享，共享的策略导向下，绿色社区的可达性显著提升[4]。

此外，多种共享交通也应当纳入绿色建筑的评价范围[5]。例如，共享单车的发展使城市居民使用自行车出行的比例大大增加，如果与公共交通站点的距离评价综合考虑骑行和步行的因素，评价的范围可以大大扩展；其次，共享巴士的出现为城市居民增加了一种低碳并且舒适的出行方式，可以将其视作BREEAM体系中"定制公共交通线路"的一种变体，将其纳入绿色建筑的评价，可以增加评价准则层的选择范围。

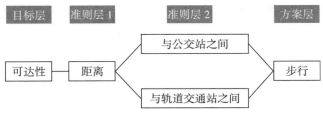

图 2-6　现有的公共交通可达性评价层次模型

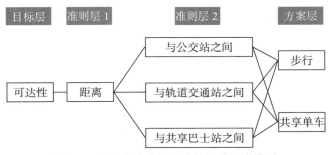

图 2-7　建议公共交通可达性评价层次模型

二、土地资源

城市土地是城市经济、社会和环境的空间载体，我国人多地少，土地利用效率的研究一直受到高度重视。在《标准》2019 中，土地利用效率涉及多个方面的评价，有两条条文与其相关：节约土地（7.2.1）和地下空间（7.2.2）的利用。

1　土地资源利用（条文 7.2.1）

建设"高密度"的城市，提高城市容量，能够提升城市土地的使用效率，促进城市活力。"密度"的理解有多重含义。直接反映城市形态的物质密度，如容积率、覆盖率、建筑平均层数等，间接反映城市形态的非物质密度，如人口密度、套密度、人均用地指标等。

容积率是一个无量纲的比值，表述一个项目用地开发强度，土地是否合理利用的重要指标。容积率越高，表示该项目用地开发强度越高，土地利用效率也越高；反之，土地利用效率也越低。片面追求土地利用效率，追求超高的容积率，会造成环境质量的大幅度下降，甚至影响人们的日常生活，例如高容积率往往意味着很高的建筑密度和建筑高度，影响日照资源的获取。

该内容对应《标准》2019 条文 7.2.1。其中对居住建筑和公共建筑的土地利用效率分别通过居住街坊的人均用地指标和容积率计算进行评价。

A 评价

7.2.1 节约集约利用土地，评价总分值为 20 分，并按下列规则评分：

1）对于住宅建筑，根据其所在居住街坊人均住宅用地指标按照表 7.2.1-1 规则评分。

2）对于公共建筑，根据不同功能的容积率（R）按表 7.2.1-2 的规则评分。

居住街坊人均住宅用地的具体评价指标及评分　表 7.2.1-1

建筑气候区划	人均住宅用地 A（m²）					得分
	平均 3 层及以下	平均 4～6 层	平均 7～9 层	平均 10～18 层	平均 19 层及以上	
I、VII	33 < A ≤ 36	29 < A ≤ 32	21 < A ≤ 22	17 < A ≤ 19	12 < A ≤ 13	15
	A ≤ 33	A ≤ 29	A ≤ 21	A ≤ 17	A ≤ 12	20
II、VI	33 < A ≤ 36	27 < A ≤ 30	20 < A ≤ 21	16 < A ≤ 17	12 < A ≤ 13	15
	A ≤ 33	A ≤ 27	A ≤ 20	A ≤ 16	A ≤ 12	20
III、IV、V	33 < A ≤ 36	24 < A ≤ 27	19 < A ≤ 20	15 < A ≤ 16	11 < A ≤ 12	15
	A ≤ 33	A ≤ 24	A ≤ 19	A ≤ 15	A ≤ 11	20

公共建筑容积率的具体评价指标及评分　　　表 7.2.1-2

行政办公、商务办公、商业金融、旅馆饭店、交通枢纽等	教育、文化、体育、医疗、卫生、社会福利等	得分
1.0 ≤ R < 1.5	0.5 ≤ R < 0.8	8
1.5 ≤ R < 2.5	R ≥ 2.0	12
2.5 ≤ R < 3.5	0.8 ≤ R < 1.5	16
R ≥ 3.5	1.5 ≤ R < 2.0	20

B 策略

《标准》2019 在以往版本的基础上，结合公共建筑的类型对容积率指标做了更细致的划分。例如，对于教育、医疗、社会福利等类型的公共建筑，容积率不宜过高，因此，容积率在 1.5 和 2.0 之间能够获得最高得分。建设项目的容积率是无法自行提高的，但容积率仍然是绿色建筑的考核指标，而且，公共建筑的类型划分也为该条文的评分提供了更多的灵活性。

对于居住项目，容积率也是表达开发强度的重要参数，并且与规划形态有很强的相关性。在当前我国重商主义盛行的市场条件和国家规范限制下，容积率指标一定程度上决定了居住区规划的基础形态。在住区规划层面建筑单体的产品形态与容积率有一定的对应关系（表 2-2）。

在世界范围内，不同国家和地区的地理条件和生活习惯的影响下，相同的容积率会产生不同的住区形态，见图 2-8，在 2.0 的容积率条件下，不同的气候条件和生活方式孕育出了个性迥异的 6 种布局模式。上海内环模式在我国是最常见的一种商业开发的住宅类型，其具有朝向、景观、建造成本多方面均衡的特点；新加坡式的布局模式能够创造出开阔的大花园，也被一些地产商所采用，以提升产品溢价。

一般情况下，建筑产品形态与容积率的对应关系（长三角气候区）　　　表 2-2

容积率指标	< 0.5	0.5 ~ 0.7	0.7 ~ 1.0	1.0 ~ 1.6	1.6 ~ 2.1	> 2.1
对应的产品形态	独栋别墅	联排别墅	叠拼＋联排	多层住宅	小高层	高层

覆盖率：80%
平均层数：3.1F
东京——低层高覆盖

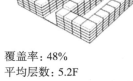

覆盖率：48%
平均层数：5.2F
阿姆斯特丹——多层中覆盖

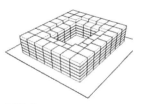

覆盖率：44%
平均层数：5.7F
巴塞罗那——多层中覆盖

覆盖率：32%
平均层数：7.8F
新巴黎——中高层低覆盖

覆盖率：14%
平均层数：17.8F
上海内环——低层高覆盖

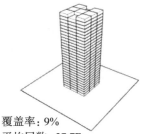

覆盖率：9%
平均层数：27.7F
新加坡——高层低覆盖

图 2-8　容积率 2.0 的多样化模型：1 公顷上 200 个百平方米的居住单元布置模式

（来源：同济大学李振宇教授研究生课程《现代住宅类型学》）

但是容积率无法反映居住建筑的产品特点和城市居民的居住情况。例如，在相同容积率开发强度下，以小户型为主的居住街坊和以大户型为主的居住街坊相比，两者的街坊形态可以很接近，但是前者的住房套数会多于后者，可以为更多的家庭和居民提供住房。因此，对于本条文来说，小房型产品的居住项目进行绿色建筑的评价时，会比大房型项目更容易。

人均住宅用地与建筑气候区有关，因为建设项目所处的建筑气候分区所决定的日照要求不同，对居住的密度，即人均占地面积有明显影响。此外，表中另一个影响因素是建设项目中建筑的平均层数，平均层数越高，所能容纳的套数就越多，居住密度越高，人均占地面积则越低，即高层住宅为主的街坊应比低层、多层住宅为主的街坊具有更低的人均占地指标。

人均居住用地指标的计算公式如下：

$$A = R \div (H \times 3.2)$$

式中，A——人均居住用地指标，m^2；

R——项目的用地面积，m^2；

H——项目的住宅户数；

3.2——每户按 3.2 人计算。

项目中的建筑层数不同时，通过计算现有居住户数最大可能占用的用地面积，并将其与评价的面积比较，以上海地区为例，上海位于建筑气候分区 III。

当 $R \geqslant (H_1 \times 36 + H_2 \times 27 + H_3 \times 20 + H_4 \times 16 + H_5 \times 12) \times 3.2$ 时，得 0 分；

当 $R \leqslant (H_1 \times 36 + H_2 \times 27 + H_3 \times 20 + H_4 \times 16 + H_5 \times 12) \times 3.2$ 时，得 15 分；

当 $R \leqslant (H_1 \times 33 + H_2 \times 24 + H_3 \times 19 + H_4 \times 15 + H_5 \times 11) \times 3.2$ 时，得 20 分。

式中，H_1——3 层及以下住宅户数；

H_2——4～6 层住宅户数；

H_3——7～12 层住宅户数；

H_4——13～18 层住宅户数；

H_5——19 层及以上住宅户数。

对于产品定位高，户型面积大的项目，本条文的得分难度很大。居住的人口数量与户数直接相关，在相同的容积率，相同的建筑面积条件，小户型产品意味着更多的户数，也意味着更多的居住人口和更低的人均用地面积指标。

C 案例

某居住项目位于上海市外环以外，上海位于建筑气候分区 III。项目总用地面积 56000m^2，总建筑面积 200000m^2，其中地上建筑面积 150000m^2，地下建筑面积 50000m^2。项目包含有 10 栋高层住宅，其中，2 栋 18 层，1 栋 21 层，4 栋 32 层，3 栋 33 层，总户数 1200 户，其中 18 层建筑户数 246 户，剩余建筑中户数 954 户。

1200 户可能占用的最大用地面积计算如下：

$(954 \times 12 + 246 \times 16) \times 3.2 = 49228m^2$

总用地面积 56000m^2，大于可能的最大用地面积 49228m^2。因此，本条文不能得分。

相关阅读

我国当前采用多样指标控制住区的形态，在容积率指标之外，配合其他指标，如建筑高度、建筑密度等。有学者建议增加更多的指标，如贴线率、建筑长度等。如图 2-9 所示，容积率为 1.2 时，在不同的建筑高度和建筑密度条件下，形成 a、b、c、d 四种形态[6]。

a：兵营式，限高 15m，建筑密度 30%，呈现典型的行列式布局；

b：点式，限高 30m，建筑密度 15%，呈现通透疏朗的形态；

c：围合式，限高 12m，建筑密度 40% 左右，街道贴线率不得小于 90%，呈现街坊式街区形态。在城市中心需要营造商业氛围和传统格局的区域，通过这种方式推动东西向的布局方式；

d：街巷式，限高 9m，建筑密度超过 50%，则呈现出传统街巷的形态。

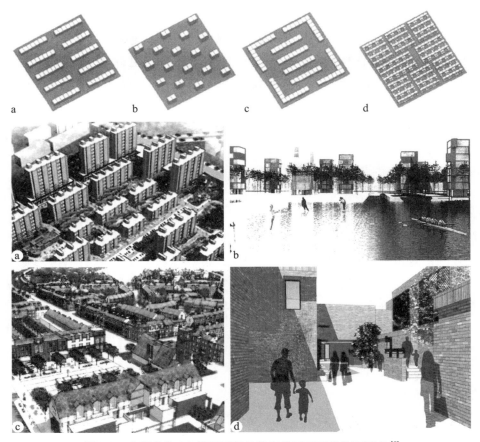

图 2-9　容积率为 1.2 搭配不同的指标得到不同的住区形态[6]

2　开发地下空间（条文 7.2.2）

城市地下空间利用是城市土地集约化使用的一种体现。土地集约化利用是指立体多维地利用城市土地空间，通过城市土地的一地多用，利用土地的地面、上空和地下进行各种建设从而提高城市土地利用率[7]。

A 评价

7.2.2 合理开发利用地下空间，评价总分值为 12 分，根据地下空间开发利用指标，按表 7.2.2 规则评分。

B 策略

《标准》2019 鼓励合理开发利用地下空间，条文通过计算地下建筑面积与地上建筑面积

地下空间的开发利用指标和评分[8]　　　　表 7.2.2

地下空间开发利用指标			分值
居住建筑	地下建筑面积与地上建筑面积的比率 R_r 地下一层建筑面积与总用地面积的比率 R_p	$5\% \leqslant R_r < 20\%$	5
		$R_r \geqslant 20\%$	7
		$R_r \geqslant 35\%$　　$R_p < 60\%$	12
公共建筑	地下建筑面积与总用地面积之比 R_{p1} 地下一层建筑面积与总用地面积的比率 R_p	$R_{p1} \geqslant 0.5$	5
		$R_{p1} \geqslant 0.7$　　$R_p < 70\%$	7
		$R_{p1} \geqslant 1.0$　　$R_p < 60\%$	12

注：经过论证，因区位、地址条件等原因，项目用地不适宜开发地下空间，本条直接得分

的比值评价利用的情况，并对住宅建筑和公共建筑分别评价打分。住宅建筑计算地下建筑面积与地上建筑面积的比率 R_r、地下一层建筑面积和总用地面积的比率 R_p；公共建筑计算地下建筑面积与总用地面积的比率 R_{p1} 和 R_p。

扩大地下空间的使用面积，但地下空间应减少非主体区域的外扩占用[9]。图 2-10 中两种利用策略，在面积相同的情况下，右图模式的 R_p 值更小，其开挖范围更小，对地面生态的影响更小。

图 2-10　地下空间利用策略

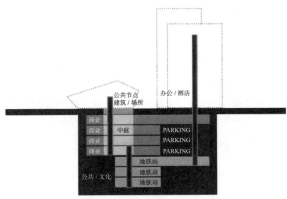

图 2-11　东京六本木地下空间利用[10]

东京六本木地区采用垂直花园城市的规划理念，主楼开发到地下 7 层：地下 4 层包含商业、展览、休闲等公共使用空间，再垂直向下拓展 3 层公共交通[10]。这种做法一方面将交通人流和商业休闲等公共活动的人流结合再一起，有效整合，相互促进；另一方面，节省建筑的占地面积，为地面留出的公共绿地，能够促进当地微气候的改善，进一步提升对城市人流的吸引力，达到城市环境和商业盈利的双赢。

相关阅读

车库是地下空间利用的重要形式之一。以住宅建筑为例，在我国现行的相关政策和居住规范指导下，如果按每个家庭拥有一辆私人汽车计算，即使地下空间全部用作停车，要实现每户都能有固定且充足的停车空间，也是非常困难的：住宅用地 70% 以上的地下空间应开发为车库，如果容积率超过 1.8，地下车库需要建设 2 层及以上[11]。这体现在已建成的城市中心区更是难以实现的奢望。

条文停车系统与 7.2.2 地下空间利用有关联。"地下空间利用"中提及了地下车库的必要性，但各大城市中心城区的土地资源极其稀缺，在已建成的区域重新开发地下空间用作停车亦非易事。在发展停车位增量非常困难的情况下，通过共享的方式激活存量停车空间，提高停车设施利用效率成为破解停车难题的一条思路。办公、科研院所、商场、文化娱乐、公园、住宅等各类建筑的停车设施利用存在较强的互补性，具备实施共享停车的条件[12]。以住宅小区为例，住宅区配建的停车位夜间使用率高，工作日白天因住户开车上班，使用率低，闲置特征明显且闲置时间固定；商业建筑的闲置特征则恰恰相反，白天营业时段车库的使用率高，夜间打烊时段则使用率低。因此，夜间商业建筑的车位共享给住宅小区，白天住区的停车位共享给商业建筑，可以减少车位的闲置时间，提高车位资源的利用频次，最终达到解决停车问题的目的。

3 停车（条文 7.2.3）

停车场建设于地面占用大量土地资源①。同时，大部分的停车位都是不渗透的表面，影响地面雨水径流，而且黑色沥青停车位表面吸热，提升停车场周边空气温度，对环境有破坏作用。

A 评价

7.2.3 采用机械式停车设施、地下停车库或地面停车楼等方式，评价总分值为 8 分，并按下列规则评分：

1）住宅地面停车位数量与住宅总套数的比率小于 10%，得 8 分；

2）公共建筑地面停车占地面积与其总建设用地面积的比率小于 8%，得 8 分。

B 策略

美国汽车工业发达，停车空间充足甚至过量，以印第安纳州为例，每一辆注册机动车拥有 3.2 个停车泊位。美国机动车停车政策经历了从"倡导提供充足的停车设施"到"按照需求管理停车"的过程[13]。LEED 标准中与停车相关的得分项为"减少停车基底"（Reduced Parking Footprint），其目的是限制建

筑项目提供停车位。

与美国国情不同，我国的城市的停车位配建不足，停车供需极不平衡。2016 年上海全市停车缺口 182.1 万个，并且缺口仍在扩大，当年汽车保有量增长 11.7%，但停车位供给仅增长 5.5%，同时，中心城区停车矛盾更为严重[14]。因此，我国的建筑设计相关标准均是鼓励建筑项目建设停车位。以上海市为例，各类商品房在不同城市区域的机动车停车位最低配建指标如表 2-3 所示，项目提供的停车位应不小于表中的规定。

获得本条文停车方面分值的要点在于采用立体停车的方式，以缓解地面停车的压力，提高土地的利用效率。具体方式则包括建设地下车库或者使用机械停车。

图 2-12　升降横移类机械停车

商品住宅机动车停车位指标表（上海）[15]　　表 2-3

建筑面积类别	单位	配建指标		
		一类区域	二类区域	三类区域
一类（平均每户建筑面积 ≥ 140m² 或别墅）	车位 / 户	1.2	1.4	1.6
二类（90m² ≤ 平均每户建筑面积 < 140m²）		1.0	1.1	1.2
三类（平均每户建筑面积 < 90m²）		0.8	0.9	1.0

注：一类、二类、三类区域主要指内环线内、内外环之间和外环外

---

① 停车空间的面积需求甚至超过建筑主要功能空间的面积需求。美国人均办公面积约 175 ～ 250 平方英尺（16.26 ～ 23.23m²），停车的建筑面积需要 300 ～ 350 平方英尺（27.87 ～ 32.52m²）。

相关阅读

在一些国土面积小、汽车数量多的国家，如日本，机械立体停车已经占据停车资源的70%[16]。在我国，随着国家规范和相关标准对居住区的停车位配置要求越来越高，双层地下车库或者机械式车库的场景会越来越多。当双层普通停车位车库和单层机械式停车库都能满足停车位要求时，机械式停车库的优势是总挖掘深度小，土方量小，但是其也有相应的代价：

（1）层高要求更高①。机械停车设备的高度尺寸如表2-4所示，地下车库的结构、管线设计应当确保停车位的上空高度满足设备需求。图2-13所示，机械停车设备的效率不高，由于风管对垂直空间的占用，机械停车设备被局限于净空间满足的区域，并且停车设备的立柱对紧邻的常规车位造成了一定的负面影响。

升降横移类停车设备高度尺寸[17]   表2-4

停车设备层数	设备装置高度（m）
二层停车设备	3.50 ～ 3.65
三层停车设备	5.65 ～ 5.90
四层停车设备	7.45 ～ 7.70
五层停车设备	9.03 ～ 9.55
六层停车设备	11.15 ～ 11.40

图2-13 机械停车，结构对停车设备高度方向的限制

---

① 普通车库的梁下净高 2.70 ～ 2.80m。

当仅仅板下高度满足表格要求时，机械式停车库的单元会局限在柱网内，当地下车库的梁下（包括设备）净空间高度满足要求时，可以实现最大化的停车效率。

（2）柱网跨度要求高。除垂直方向高度方面的要求外，地下车库的平面设计也应结合机械设备的选型进行优化。图2-14所示，结构设计对设备的局限，使机械停车设备无法在水平方向延展。水平方向柱网跨度应大于停车设备的长度尺寸，使停车设备能够连续布置，最大化设备使用效率。

图2-14 机械停车，结构对停车设备水平方向的限制

（3）防火要求高。普通停车位的地下车库防火分区面积为2000m²，室内有车道且有人员停留的机械式地下车库，其防火分区应减少35%[18]。

（4）需要专业人员操作停车设备。

三、场地生态与景观

在《标准》2019中，场地生态与景观部分包含5条条文，他们有一定关联性，层层递进。首先保护修复场地生态（8.2.1），其次采用相关设计方法或技术措施提升景观绩效，包括：控制雨水径流（8.2.2），并进行合理的景观绿地设计（8.2.3），最后，对具体问题吸烟区（8.2.4），以及具体的技术措施——雨水设施（8.2.5）提出相关建议。

1 保护场地生态（条文 8.2.1）

当前大多数建设项目开始时，用地已经是净地，条件较好；当用地内有水系、山体等自然要素时，则应对其进行保护。

A 评价

8.2.1 充分保护或修复场地生态环境，合理布局建筑及景观，评价总分值为 10 分，并按照下列规则评分：

1）保护场地内原有的自然水域、湿地、植被等，保持场地内的生态系统与场地外生态系统的连贯性，得 10 分；

2）采取净地表层土回收利用等生态补偿措施，得 10 分；

3）根据场地实际状况，采取其他生态恢复或补偿措施，得 10 分。

B 策略

评价条文中的三个指标之间是逐层递进的关系：首先，场地应尽可能减少土方，保护场地内原有的高大乔木，不破坏场地的生态；其次，如果场地内的地形确实需要破坏，应尽可能地采取复原措施，例如回收利用原场地内的表层土；第三，当前两者都不能实现时，可以采用其他的设计手段。

本条文是选择性条文，满足任何 1 款即可得分，其中，前 2 个指标的优先级更高。

1）充分利用场地的地形地貌进行规划设计和布局，场地内外生态连接，能打破生态孤岛，利于生物多样性保护；

2）场地在建设过程中破坏后，应在工程结束时及时采取生态复原措施；

3）原场地无自然水体或中龄期的乔木时，可采取的其他生态补偿措施。例如，滨水项目设计生态驳岸增加本地动植物的生存活动空间。

对于当前大多数的建设项目，都有地库的建设需求，正如《标准》2019 条文 7.2.2 所建议的，应当充分利用地下空间。因此，大面积的开挖不可避免，即满足指标 1 的难度非常大，但是表层土仍然可以回收利用，用于项目中覆盖于地库上方的植被层，或其他区域的景观绿地。

C 案例

满足要求的项目特殊性强。区域内有生态体系，开发过程中保留了树木、河道等原生态。某项目用地范围内有 3 栋既有建筑和构筑物，均为历史保护建筑，同时建筑周围有数棵古树，见图 2-15。在策划和设计阶段，结合建筑布局和场地的景观设计，对历史建筑和周边的环境进行保留、设计。首先，避免地下车库开挖对古树的影响；其次，开发古树的价值，使之成为项目景观的亮点，见图 2-16。

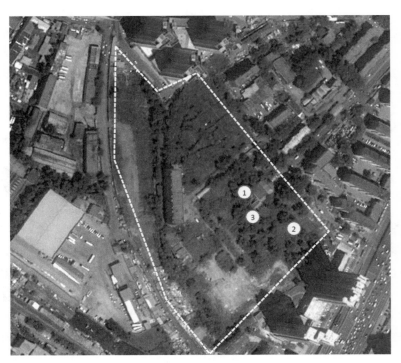

图 2-15　用地现状

图 2-16　用地规划

图例：
■ 建筑
▨ 地下车库范围
● 树木

四、室外物理环境

室外物理环境包括声环境、光环境、风环境和热环境，分别有 1 则条文，均为 10 分，总分值 40 分。风、光、热三个要素都与规划设计相关，声环境则主要取决于周围既有的建成环境。

1　室外声环境（条文 8.2.6）

声环境影响人们生活的方方面面，工作、学习、休息时都伴随着室外的声音，噪声污染已经成为城市居民投诉最多的污染类型之一。城市环境噪声主要有社会生活噪声、施工噪声、交通噪声等多种类型，其中交通噪声所占比重逐年上升，成为最主要的一种类型。

A 内容

8.2.6　场地内的环境噪声优于现行国家标准《声环境质量标准》GB 3096—2008 的要求，

评价总分值为 10 分，并按下列规则评分：

1）环境噪声值大于 2 类声环境功能区标准限值，且小于或等于 3 类声环境功能区标准限值，得 5 分；

2）环境噪声值小于或等于 2 类声环境功能区标准限值，得 10 分。

B 策略

交通噪声是一种流动源噪声，主要指机动车、轨道交通等移动产生的噪声，其声级高低与车身、车速、路面等都有关联。伴随着汽车工业的发展和城市居民汽车保有量的提升，交通噪声的影响范围和程度都越来越大。以上海为例，早在 2001 年研究人员统计，全市交通噪声的等效声级平均值昼间为 70.5dB（A），夜间为 64.1dB（A），导致全市区域的环境噪声昼间高达 56.7（A），夜间高达 49.2dB（A）[19]。

参照《声环境质量标准》GB 3096—2008，根据区域的功能特点和环境质量要求，声环境功能区分为以下 5 种类型[20]：

0 类声环境功能区：康复疗养区等特别需要安静的区域；

1 类声环境功能区：以居民住宅、医疗卫生、文化教育、科研设计、行政办公为主要功能，需要保持安静的区域；

2 类声环境功能区：以商业金融、集市贸易为主要功能同时居住、商业、工业混杂，需要维护住宅安静的区域；

3 类声环境功能区：以工业生产、仓储物流为主要功能，需要防止工业噪声对周围环境产生严重影响的区域；

4 类声环境功能区：交通干线两侧一定距离之内，需要防止交通噪声对周围环境产生严重影响的区域，包括 4a 类和 4b 类两种类型。4a 类为高速公路、一级公路、二级公路、城市快速路、城市主干路、城市次干路、城市轨道交通（地面段）、内河航道两侧区域；4b 类为铁路干线两侧区域。

各类声环境功能区的环境噪声限值见表 2-5。建设项目的环境噪声白天不大于 65dB（A），夜间不大于 55dB（A），本条文得 5 分，白天不大于 55dB（A），夜间不大于 50dB（A），本条文得 10 分。

环境噪声限值 [单位：dB（A）][20]　　表 2-5

声环境功能区类别		时段	
		昼间	夜间
0 类		50	40
1 类		55	45
2 类		60	50
3 类		65	55
4 类	4a 类	70	55
	4b 类	70	60

交通噪声很难从源头控制，而且影响范围大。因此，本条文的评价与项目策划阶段的选址条件有很强的关联。例如，位于城市高速公路或者快速干道，城市轻轨甚至铁路旁的建设项目，要获得评价分值难度要大得多。

常用的交通噪声治理方法为设置屏障，种植绿化或者采用隔声屏障可以起到降噪的效果。当噪声源的声波遇到声屏障，它将分为三条路径传播到达受声点，见图 2-17：一部分越过声屏障绕射；一部分穿透声屏障；一部分在屏障面上发生反射[21]。道路两旁的声屏障有 3dB（A）～ 5dB（A）的降噪效果，但在声影区外的效果不大（图 2-18）。封闭式声屏障，即隧道式隔声结构可以达到降噪 10dB（A）～ 20dB（A）[19]。

C 案例

某项目所在区域为城市郊区，通过对场地周边噪声环境进行现场监测，结果显示，本项目地块边界 6 个噪声监测点位昼、夜间噪声值均能达到不大于 2 类功能区标准。项目委托环境监测站对项目所在地噪声进行了监测，连续监测 2 天，分昼间、夜间各监测一次，每次连续监测 20min，结果见表 2-6，因此，该项目的声环境评价条文 8.2.6 得分 10 分。

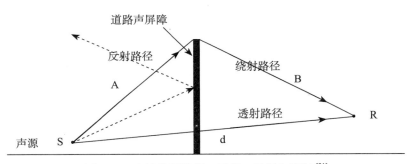

图 2-17　声波传播路径：反射、投射和绕射[21]

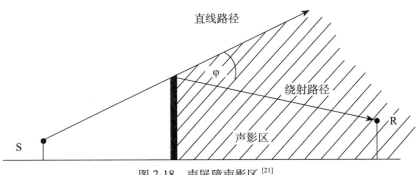

图 2-18　声屏障声影区[21]

项目 A 环境噪声监测情况   表 2-6

监测时间	监测点位	具体方位	昼间	达标状况	夜间	达标状况
第一天	N1	地块中间北侧红线外 1m	53.3	达标	47.2	达标
	N2	地块东侧边界外 1m	54.1	达标	46.3	达标
	N3	地块东侧边界外 1m	53.7	达标	47.6	达标
	N4	地块南侧边界外 1m	52.1	达标	47.5	达标
	N5	地块南侧边界外 1m	51.1	达标	46.1	达标
	N6	地块西侧边界外 1m	51.5	达标	46.0	达标
第二天	N1	地块中间北侧红线外 1m	53.8	达标	47.1	达标
	N2	地块东侧边界外 1m	54.6	达标	46.2	达标
	N3	地块东侧边界外 1m	52.9	达标	47.2	达标
	N4	地块南侧边界外 1m	51.7	达标	47.5	达标
	N5	地块南侧边界外 1m	51.3	达标	47.0	达标
	N6	地块西侧边界外 1m	51.9	达标	46.6	达标

相关阅读

中国古代诗歌中对声音的描写不是物理学层面的、理性的科学研究，但却准确描绘出与视觉景观统一的完整景观（Total landscape），例如：

"蝉噪林愈静，鸟鸣山更幽。"

——南北朝，王籍《入若耶溪》

"直知人事静，不觉鸟声喧。"

——唐，王勃《春庄》

声音景观（Soundscape）由加拿大作曲家、科学家沙弗尔（Murray Schafer）所倡导。建筑声环境研究材料、空间的声学特性，如吸声、隔声、反射等，不涉及环境的视觉特征，也不涉及声音的文化与审美。声景学研究人与环境的关系中，声音存在的作用，并且主要是对人们景观感知（包括文化、美学上的感知）的影响[22]。沙弗尔这样形容噪声："噪声是使我们不愿意生活在这个世界上的声音。"

中国古典园林创造了世界上最"有声有色"的风景。园林的声音环境不是一个由频率、波长、等效声压值等指标描述的物理概念，而是与外部世界相联系的一个心理对应。例如，《园冶》中与有关声景的论述有"隔林鸠唤雨，断岸马嘶风""好鸟要朋，群麋偕侣……松寮隐僻，送涛声而郁郁，起鹤舞而翩翩"。学者袁晓梅和吴硕贤认为古典园林的声环境营造虽然不具备经验科学的逻辑和概念，但把握住了主观心理对外界声环境的真实体验[23]。

参 考 文 献

[1] 唐子来. 从城乡规划到环境规划：可持续发展的规划思考《可持续环境的规划对策：英国城乡规划协会的研究报告》评介 [J]. 城市规划汇刊，2000(02)：75-76.

[2] 王明洁. 当代中国文化建筑公共性研究 [D]. 华南理工大学，2012.

[3] 王清勤，韩继红，曾捷. 绿色建筑评价标准技术细则 2019[M]. 北京：中国建筑工业出版社，2020.

[4] 羊烨，李振宇，郑振华. 绿色建筑评价体系中的"共享使用"指标 [J]. 同济大学学报（自然科学版），2020，48（06）：779-787.

[5] 羊烨，邓丰，钟静. 共享交通对绿色建筑的可

达性评价影响机制研究 [J]. 住宅科技, 2020, 40 (02): 30-33.

[6] 陈一峰. 居住区形态的控制研究 [J]. 住区, 2015 (03): 24-37.

[7] 肖梦. 城市微观宏观经济学 [M]. 北京: 人民出版社, 1993.

[8] 中华人民共和国住房和城乡建设部. 绿色建筑评价标准 [M]. 北京: 中国建筑工业出版社, 2019.

[9] 中国建设科技集团. 绿色建筑设计导则: 建筑专业 [M]. 北京: 中国建筑工业出版社, 2021.

[10] 王晶晶. 活在地下的城: 东京的地下空间利用与立体化设计 [J]. 世界建筑导报, 2012, 27 (03): 18-23.

[11] 高克跃. 停车位的供需矛盾及其解决方略 [J]. 城市问题, 2011 (04): 79-83.

[12] 陈永茂, 过秀成, 冉江宇. 城市建筑物配建停车设施对外共享的可行性研究 [J]. 现代城市研究, 2010, 25 (01): 21-25.

[13] 王家, 张晓东. 美国城市停车政策解析 [J]. 城市交通, 2011, 9 (04): 53-60.

[14] 樊鸿嘉. 上海学校停车资源共享利用的初步研究 [J]. 交通与港航, 2019, 6 (01): 57-63.

[15] 上海市住房和城乡建设管理委员会. 建筑工程交通设计及停车库 (场) 设置标准 [M]. 上海: 同济大学出版社, 2014.

[16] 尤理. 机械式立体停车场发展政策研究与建议——以广州市为例 [J]. 城市公用事业, 2010, 24 (04): 13-15+22.

[17] 中华人民共和国住房和城乡建设部. 车库建筑设计规范 [M]. 北京: 中国建筑工业出版社, 2015.

[18] 中华人民共和国住房和城乡建设部. 汽车库、修车库、停车场设计防火规范 [S]. 北京: 中国计划出版社, 2014.

[19] 吕玉恒, 杨捷胜. 民用建筑噪声控制设计 [J]. 声学技术, 2002 (Z1): 15-18.

[20] 中华人民共和国环境保护部. 声环境质量标准 [S]. 北京: 中国环境科学出版社, 2008.

[21] 中华人民共和国国家环境保护总局. 声屏障声学设计和测量规范 HJ/T90[S]. 北京: 中国环境科学出版社, 2004.

[22] 李国棋. 声景研究和声景设计 [D]. 清华大学, 2004.

[23] 袁晓梅, 吴硕贤. 中国古典园林的声景观营造 [J]. 建筑学报, 2007 (02): 70-72.

第三章　规划设计（Design）

与规划设计相关的评价点　　　　　　　　表 3-1

目标	条文	分值	
I 安全性（11.4）	1 保障人员安全（条文 4.2.2）		15
	2 人车分流（条文 4.2.5）		8
II 耐久性（8.9%）	1 建筑的适应性（条文 4.2.6）		18
III 室内物理环境（27.2%）	1 室内声环境（条文 5.2.6）		8
	2 构件的隔声性能（条文 5.2.7）		10
	3 室内光环境（条文 5.2.8）		12
	4 室内热环境（条文 5.2.9）		8
	5 室内风环境（条文 5.2.10）		8
	6 可调节的遮阳（条文 5.2.11）		9
IV 无障碍和服务设施（8.9%）	1 无障碍设计（条文 6.2.2）		8
	2 健身空间（条文 6.2.5）		10
V 节材（4.0%）	1 装修一体化（条文 7.2.14）		8
VI 场地生态和景观（24.8%）	1 雨水径流（条文 8.2.2）		10
	2 绿地（条文 8.2.3）		16
	3 吸烟区（条文 8.2.4）		9
	4 绿色雨水设施（条文 8.2.5）		15
VII 室外物理环境（14.9%）	1 室外光环境（条文 8.2.7）		10
	2 室外风环境（条文 8.2.8）		10
	3 室外热环境（条文 8.2.9）		10
总分值			202

与规划和设计相关的评价点按照安全性、耐久性、室内物理环境、无障碍和服务设施、节材、场地和生态景观、室外物理环境 7 个部分展开，共 19 项，总分值 202 分，占设计阶段总分值的 35.4%，分布在《标准》2019 "安全耐久""健康舒适""生活便利""资源节约""环境依据"所有章节中，可以看出，建筑设计、被动式设计在绿色建筑领域是非常重要的，评价点的分值和分布见表 3-1。就单一条文的分值而言，4.2.6 建筑的适应性分值最高，其次是绿地的设计和人流安全性的设计。

一、安全性

安全性的评价是《标准》2019 的新增得分点，是绿色建筑"以人为本"理念的最基本的性能要求。条文 4.2.2 保障人员安全和条文 4.2.5 人车分流都与人流活动相关，对规划设计有较大的影响。

1 保障人员安全（条文 4.2.2）

采取保障人员安全的防护措施：针对不同对象、区域和场地的安全防护措施的设置，需要根据具体工程项目实际情况进行设计，需要建筑设计师发挥创意。

A 评价

4.2.2 采取保障人员安全的防护措施，评价总分值为 15 分，并按下列规则分别评分并累计：

1）采取措施提高阳台、外窗、窗台、防护栏杆等安全防护水平，得 5 分；

2）建筑物出入口均设外墙饰面、门窗玻璃以外脱落的防护措施，并与人员通行区域的遮阳、遮风或挡雨措施结合，得 5 分；

3）利用场地或景观形成可降低坠物风险的缓冲区、隔离带，得 5 分。

B 策略

本条设置的目的在于，采取措施降低高空坠物伤人的风险。第一款措施是主动提升防护设施的安全等级，尽可能避免"坠落"发生；第二三款是采取"保护罩"、设置"缓冲带"这样的被动措施，降低坠物带来的伤害。

条文第一款，提高防护水平的措施有：阳台外窗高窗设计、限制窗扇开启角度、增加栏板宽度、窗台绿化种植整合设计、适度减少防护栏杆垂直杆件水平净距、安装隐形防盗网、住宅外窗的安全防护与纱窗结合。

条文第二、三款，建筑出入口设置防坠雨篷、防坠构筑物，利用绿化带将行人与建筑边界隔离开。绿化带宜设计为乔灌结合的复层绿化，同时避免高大植物对建筑日照造成影响。

C 案例

保障人员安全应在外立面的周边做好被动防护，尤其是在人流密集，如建筑物出入口处。图 3-1 所示，某住宅建筑防坠绿化隔离带的设计。本工程首层为架空层，靠近建筑部分采用了较高的乔木作为隔离带。景观设计绿化隔离带将人行通道与建筑里面隔开一定的距离，仅留出箭头区域作为建筑出入口。

其次，加强围护结构相关部位的防护，提高阳台、窗户、栏杆等的安全性。建筑出入口，甚至建筑周边行人处，可以考虑遮阳、挡雨、防坠相结合的构筑物，例如雨篷、过渡厅、与建筑一体化的造型等，如图 3-2 所示。

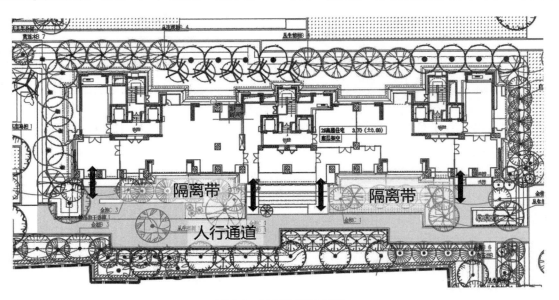

图 3-1 景观设计隔离带

图 3-2　建筑出入口的构筑物设计

2　人车分流（条文 4.2.5）

人车分流将行人和机动车完全分开，互不干扰，保护行人，尤其是儿童和老人的步行安全。另一方面，人车分流利于营造整体的景观效果。地面空间所减少的道路覆盖面积可以用于景观植被的设计，即使是消防所需要的场地（如消防通道、登高场地等），也可以结合景观的设计、植被的选择进行软化处理。

A 评价

4.2.5 采取人车分流措施，且步行和自行车交通系统有充足照明，评价分值为 8 分。

B 策略

在小区、园区的机动车出入口附近，应当布置地下车库的出入口，应尽早将机动车交通引入地下，整个地面空间都交给步行人群，实现人流和车流的分开。"环线"模式为常用模式之一，在建筑（群）的外围环绕机动车道，用作必要的机动车通道、消防通道，以及临时地面停车，在环线靠近出入口处，则是地下车库的出入口，见图 3-3。

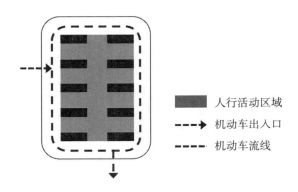

　人行活动区域
- ->　机动车出入口
- - -　机动车流线

图 3-3　人车分流

C 案例

上海某小区的项目偏高端定位，总图布局采用了人车分流的方式。地下车库的出入口布置在小区边缘，地面空间基本全部交给步行人流，见图 3-4。

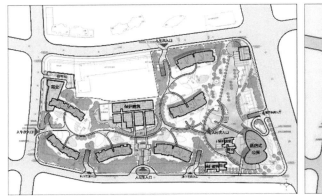

图 3-4　某人车分流小区

二、耐久性

建筑耐久性的评价是面向未来的。在建筑的全生命周期内，建筑的实体则应当坚固耐久，具体表现为耐腐蚀、抗老化的结构、材料和构件等；建筑的空间应当具有开放性和适应性，能够结合用户的需求而调整，避免因不能满足需求而被拆除，具体表现为与建筑工业化（或装配式建筑技术）相结合的建筑设计。

1 建筑的适应性（条文 4.2.6）

建筑全生命周期内，使用功能是动态变化的。一方面，公共建筑的功能需求会随着使用主体的变化而改变，例如建筑的使用功能从办公转变为宾馆，使用空间、设备空间、交通空间等的形式和要求都会发生变化；另一方面，随着时代的发展，技术的进步，空间本身的使用方式也会改变，以图书馆建筑为例，过去的 20 年间，读者和书库的关系不断地被打破、重组，从强调借阅关系，到开架书库的流行，再到如今复合、多元、共享的图书馆空间，图书馆空间的使用发生了翻天覆地的变化。

居住建筑类型而言，其使用空间的形式也会因种种原因发生变化。例如从使用者的视角观察，核心家庭的成员随着时间在不断变化，从二人世界—三口之家—两孩天地—适老之家，户型平面应具有一定的可变性，以适应家庭成员变化。因此，建筑设计的方案需要考虑空间的适应性和可换性，包括建筑的开间、进深大小，垂直管井的预留等，应当满足功能变化时的空间要求。

A 评价

4.2.6 采取提升建筑适变性的措施，评价总分值为 18 分，并按下列规则分别评分并累计：

1）采取通用开放、灵活可变的使用空间设计，或采取建筑使用功能可变措施，得 7 分；

2）建筑结构与建筑设备管线分离，得 7 分；

3）采用与建筑功能和空间变化相适应的是设备设施布置方式或控制方式，得 4 分。

B 策略

第 1 款关于适应性空间的设计，与开放建筑（Open Building）的理念相吻合①。建筑空间具有变化的潜力，要求建筑的平面具有大开间、大进深的特征。

第 2 款和第 3 款在操作层面体现为建筑工业化的思路。传统的住宅设计和建造体系下，墙体、结构和管线一体，住宅难于维护，体现为空间尺度不易改变，管线布局不易更新等困难，并且更新改造过程会产生噪声、粉尘等，干扰邻里生活。建筑工业化体系下，管线独立设置，可以较为便捷地改造和更换，见图 3-5；部品部件的标准化、模数化设计、建造，可以轻松置换，从而实现室内空间的灵活分隔，提升建筑的可维护性和适应性，达到充分利用社会资源的目的。

C 案例

由某设计公司研发了一种全客户群户型，见图 3-6。结合全生命周期内，使用者的变化，以及因此产生的空间需求的变化，该户型充分考虑到居住空间的适应性。设想中的户型使用分为"二人世界""孩子出生""二娃出生"和"四口之家" 4 个阶段，并分别给出了舒适、合理的布局方案，满足核心家庭在不同阶段的需求。

---

① 开放建筑的理念可以追溯到荷兰哈布瑞肯（John Habraken）提出的 SAR 理论，其将住宅分成骨架（Support）和可分体（Detachable Unit）两部分，兼顾个体需求的多样性和工业生产的规模化要求，使住宅具有灵活、可变的特点。

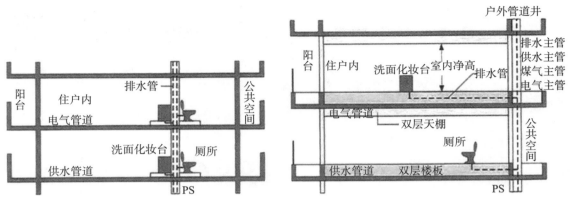

图 3-5　管线与结构分离（左图：传统住宅；右图：工业化设计住宅）

来源：（文献[1]）

1　二人世界

2　第一个孩子出生

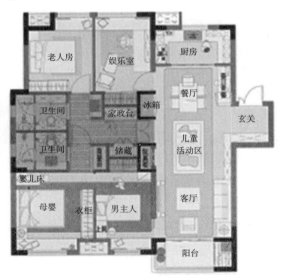

3　二娃出生

4　孩子长大，四口之家

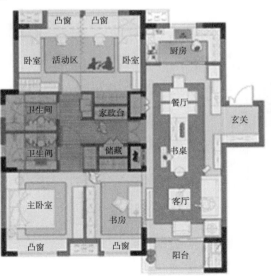

图 3-6　全客户群户型（来源：http://www.pta-sh.com.cn/detailsforcases?article_id=71）

图 3-7　室内地板建筑工业化技术图（左图：架空地板；右图：分水器及架空地板，来源：文献[3]）

雅世合金公寓工程是"十一五"期间绿色建筑关键技术课题，研发了内装工业化技术的应用。项目采用结构与内装分离的建造方式，结构体系采用大开间布局，套型内部尽量没有承重墙，增加平面布局的更新灵活性；采用户外公共管道井，同层排水，同层排烟的方式，住宅的独立性强。此外，内装部分管线和结构体分离，架空地板、吊顶，架空空间内收纳管线，管线改造时不涉及结构体的变动[2]。

架空地板见图 3-7，架空空间内铺设给排水管线，在安装分水器的地板处设置检修口，方便检查和修理。同时，地板有一定弹性，能够保护老人和孩子。

图 3-8　建筑工业化吊顶内部图（来源：文献[3]）

吊顶采用轻钢龙骨吊顶，内部空间作为电器管线、灯具及其他设备使用。管线脱离主体结构，一是施工干作业，其效率和精度更高，二是利于后期维护改造，见图 3-8。

相关阅读

日本的 SI 住宅体系将住宅分成支撑体（Skeleton）和填充体（Infill）两个部分，前者具有长期耐久性，后者具有灵活适应性，两部分相互分离，相互配合，实现建筑的长寿化。

SI 住宅有 6 个方面的要点：1）支撑体（Skeleton）和填充体（Infill）的分离性能；2）建筑结构主体的抗震性能和耐久性能；3）维护与维修性能；4）内装与设备的可变性；5）居住空间的舒适性；6）街区环境的协调性[4]。

SI 住宅体系通过提高住宅设备性能、合理布置管线和提高维修更换的可能性，保证住宅在 70～100 年的使用寿命当中能够较为便捷地进行内装改造与部品更换，达到延长住宅建筑使用寿命的目的。

SI 住宅体系　　　　表 3-2

部分	系统	子系统	所有权	设计权	使用权
支撑体 Skeleton	主体结构	梁、板、柱、承重墙	所有居住者共有财产	开发方与设计方	所有居住者
	共用设备管线	共用管线、共用设备			
	公共部分	公共走廊、公共楼电梯			
填充体 Infill	相关共用部分	外墙（非承重墙）、分户墙、外窗、阳台栏板	相邻居住者共有财产	开发方与设计方（居住者可参与）	居住者
	内装部品	各类内装部品			
	户内设备管线	专用管线、专用设备	居住者的私人财产	设计方与居住者	
	自用部分	其他家具等		居住者	

三、室内物理环境

室内物理环境相关的条文占设计相关分值的 27.2%，是重点部分。声、光、热和风环境着眼于性能方面，需要计算、模拟和设计的配合；有关遮阳的条文 5.2.11 侧重于技术应用，与光、热环境的性能有交叉影响，对提升室内的光、热环境有促进作用。

1 室内声环境（条文 5.2.6）

室内声环境的控制包含两个层面的意义：一是优化自身室内空间的声环境，二是降低对相邻房间声环境的影响。室内噪声的来源可以分为外部噪声和内部噪声，外部噪声有交通噪声、施工噪声、工业噪声等；内部噪声有设备运行、管道水流产生的噪声等，包括自身室内的设备运行（如空调风口的噪声）和相邻房间的噪声（如设备间里设备振动的噪声，楼上物品掉落的楼板震动声等）。

室内声环境标准参照《民用建筑隔声设计规范》GB 50118，以居住建筑为例，低限标准和高要求标准见表 3-3。

A 评价

5.2.6 采取措施优化主要功能房间的室内声环境，评价总分值为 8 分。噪声级达到现行国家标准《民用建筑隔声设计规范》GB 50118 中的低限标准限值和高要求标准限值的平均值，得 4 分；达到高要求标准限值，得 8 分。

B 策略

首先，建筑设计平面布局应注意将产生噪声的房间与主要的功能房间分隔，从源头减少干扰，例如，将卧室、起居室等功能空间布置在远离城市噪声源的一侧；将电梯井、设备平台布置在卧室、起居室的另一侧。其次，增强建筑构件的隔声性能，在声音传播途径中降低噪声的污染，例如，加强围护结构的隔声性能，降低室外噪声源的污染；包裹水管、风管等设备管道，降低室内噪声源的影响。此外，要使建筑构件的空气声隔声效果好，除了应该选择高隔声的构造外，还应该在设计和施工中特别注意孔洞和缝隙的位置。

卧室、起居室（厅）内的低限标准和高要求标准噪声级 [5]　　　表 3-3

房间名称	允许噪声级（A 声级，dB）			
	低限标准		高要求标准	
	昼间	夜间	昼间	夜间
卧室	≤ 45	≤ 37	≤ 40	≤ 30
起居室（厅）	≤ 45		≤ 40	

C 案例

某项目位于城市核心区两条交通要道之间，东侧有城市轻轨通过，西侧则是城市高架，双重压力之下，社区的室外声环境难以达到标准要求。因而，项目开发过程中，为保障室内声环境，围护结构的隔声性能尤其需要加强。例如，该项目的窗户玻璃采用三层两腔的结构，增强玻璃的隔声量，与此同时，作为客户很容易感知的一个产品构件，高性能外窗在视觉和触觉层面也为该项目增加了溢价能力。

图 3-9　某项目城市区位

2　构件的隔声性能（条文 5.2.7）

当声波入射墙体表面时，一部分声能被反射，另一部分声能被吸收，还有一部分声能透过墙体传播。透过的能量与入射能量之比为透射系数，隔声量是噪声通过材料前后的声能量对比，反映材料固有的隔声性能。

$$R=10\lg\left(\frac{E_i}{E_\tau}\right)=100\lg\left(\frac{1}{\tau}\right)$$

式中，R——隔声量；

　　　E_i——入射能量；

　　　E_τ——从材料透过的能量；

　　　τ——透射系数。

当材料的 τ 为 0.0001，表示只有万分之一的能量透过材料，材料的隔声量为 40dB[6]。透射系数越小，R 值越大，材料的隔声效果越好；透射系数越大，R 值越小，材料的隔声效果越差。

构件的隔声按照噪声源可以分为隔外部和隔内部噪声。围护结构是抵御室外噪声的最后防线。当住宅建筑位于城市交通干线两侧或其他高噪声环境，室外声环境难以控制时，建筑围护结构的隔声性能应加强。内部噪声则主要指分户墙的构造，轻型隔墙具有轻质高强、施工方便的特点，但相比较重型隔墙，其隔声性能较差，多年来，不少轻质分户墙的隔声值刚达到 40dB。分户墙隔声量为 35 ～ 40dB 时，隔壁住户大声讲话、放音乐听得很清楚，正常讲话有感觉，但听不出内容[7]。

按照噪声源的类型可以分为空气声和固体声。固体声常常表现为楼板撞击声，管道振动等，在围护结构不断加强的现状下，室内噪声，尤其是固体振动对声环境的影响开始逐渐凸显。

A 内容

5.2.7 主要功能房间的隔声性能良好，评价总分值为 10 分，并按下列规则分别评分并累计：

1）构件及相邻房间之间的空气声隔声性能达到现行国家标准《民用建筑隔声设计规范》GB 50118 中的低限标准限值和高要求标准限值的平均值，得 3 分；达到高要求标准限值，得 5 分；

2）楼板的撞击声隔声性能达到现行国家标准《民用建筑隔声设计规范》GB 50118 中的低限标准限值和高要求标准限值的平均值，得 3 分；达到高要求标准限值，得 5 分。

B 策略

对空气振动和固体振动采用不同的策略：通过增加墙体质量以加强空气隔声，通过减振构造以加强对固体振动的隔声性能。《民用建筑隔声设计规范》GB 50118 对外窗和外墙的空气声隔声量要求见表3-4。

外窗和外墙的空气声隔声量 [5]　　　表 3-4

构件名称	计权隔声量（dB）
卧室、起居室的窗	≥ 30
外墙	≥ 45

1）空气振动

墙体的隔声性能遵循"质量定律"，即越厚重（单位面积质量越大）隔声性能越好，几种外墙构造及隔声性能见表3-5。与外墙相比，外窗是外立面隔声最薄弱的环节，一方面是因为材料本身的原因，另一方面门窗的缝隙对隔声效果有较大影响，并且需要经常开启。加强、改善门窗的隔声性能是营造室内声环境的重要措施。窗户由窗框和玻璃组成，研究人员比较了塑钢窗和铝合金窗的隔声性能，玻璃厚度5mm，结果见表3-6；在都使用铝合金型材的条件下，再次比较了不同的玻璃组成对应的隔声量，结果见表3-7。可以看出，一般双层玻璃能够满足《绿色建筑评价标准》的要求。

几种外墙构造及其隔声性能 [8]　　　表 3-5

构造	墙厚（mm）	面密度（kg/m²）	计权隔声量（dB）
钢筋混凝土	120	276	49
	150	360	52
	200	480	57
蒸压加气混凝土砌块（mm）（390×190×190mm）＋双面抹灰	230	284	49
轻集料空心砌块（mm）（390×190×190）＋双面抹灰	210	240	46
陶粒空心砌块（mm）（390×190×190）＋双面抹灰	220	332	47

不同窗框型材的隔声性能 [9]　　　表 3-6

窗框型材	计权隔声量（dB）
塑钢窗	16
铝合金窗	19

（铝合金窗框）几种不同玻璃对应的隔声性能 [9]　　　表 3-7

玻璃产品	计权隔声量（dB）
4mm 单玻	16
5mm 单玻	19
6mm 单玻	22
5mm+6A+5mm	26
5mm+9A+5mm	30.5
8mm+14A+8mm	34.5

关于室内隔墙的隔声性能，《民用建筑隔声设计规范》GB 50118 对室内分户墙、分户楼板的空气声要求见表3-8，室内建筑构件隔声性能达到低限标准得 3 分，达到高要求标准得 5 分。

分户墙和楼板的空气声隔声标准 [5]　　　表 3-8

构件名称	计权隔声量（dB）	
	低限标准	高要求标准
分户墙、分户楼板	> 45	> 50

研究人员以烧结黏土砖为参照，比较了多种轻型隔墙的隔声量，结果见表3-9。根据隔声质量定律，混凝土空心砌块、空心条板、蒸压加气混凝土板的面密度都远低于黏土砖，所以隔声性能差；复合墙板的面密度最低，单隔声性能优于其他结构，是由于它采用了玻璃棉，其内部有大量微小的孔隙，使得声波沿着孔隙传播过程中，与材料发生摩擦作用使声能转化为热能而减弱[10]。

室内隔墙目前常常采用轻隔墙，隔声性能较为薄弱。采用复合结构，可以加强轻质隔墙的隔声性能，特别是要加入玻璃棉或者岩棉等吸声材料，才能有效阻断高低频声源的通过。例如，轻钢龙骨间填岩棉双面钉双层纸面石膏板，隔墙总厚度123mm，计权隔

几种轻型墙体结构的隔声量[10]　　　　　　　　　　　　表 3-9

轻型结构	构造	墙体面密度（kg/m²）	计权隔声量（dB）
烧结普通黏土砖	240mm×115mm×53mm+双面抹灰	530	56
混凝土空心砌块	190mm厚砌块+双面抹灰	182	45
混凝土空心条板	90mm厚空心条板+双面抹灰	110	39
蒸压加气混凝土板	150mm厚条板+双面抹灰	120	44
复合结构	60mm厚加气混凝土条板+双面30mm玻璃棉+9mm纸面石膏板	80	47

声量达到 52dB，如果在轻钢龙骨与石膏板之间加设减振条，隔声量可以达到 54dB[7]。

2）固体振动

生活中经常遇到的楼板的撞击声比如高跟鞋行走时发出的声音，小孩在家中跳跃引起的声音等，设备、管道安装不当产生的噪声也属于固体声。经过调查，楼板撞击声压级小于 65dB 时，除了敲打声外，一般声音都听不到，椅子跌倒、小孩跑跳声能听到，但声音较弱[7]。《民用建筑隔声设计规范》GB 50118 对楼板撞击声的要求见表 3-10。

楼板撞击声的隔声标准[5]　　表 3-10

构件名称	计权标准化撞击声压级（dB）	
	低限标准	高要求标准
分户层间楼板	＜75	＜65

楼板撞击声的隔声关键技术主要在于混凝土结构楼板上增设弹性减振垫板，使上层住户跑跳、硬底鞋走路、拖动桌椅等活动对地面产生的撞击，大部分被弹性减振垫板吸收，不传或少传至结构混凝土楼板，从而减少对下层的干扰。该方法也成为"浮筑地面法"，指在

结构楼板上铺一层减振地垫（一般 4～10mm 厚），再在上面浇灌细石混凝土，形成"三明治"式弹性夹心结构[11]，见图 3-10。研究人员实验室检测表明，相比较原混凝土楼板的撞击声隔声量，减振地垫式的浮筑地面可改善隔声量达 18～22dB，大大降低楼上的生活噪声，现场测试撞击声压级为 56～58dB。

C 案例

某建筑的墙体、楼板等部位构造如下：

1）外墙构造：水泥砂浆（5mm）+石墨聚苯板（80mm）+水泥砂浆（15mm）+煤矸石多孔砖（200mm）+水泥砂浆（15mm）；

2）分户墙构造：水泥基无机矿物轻集料保温砂浆（15mm）+钢筋混凝土（200mm）+水泥基无机矿物轻集料保温砂浆（15mm）；

3）分户楼板构造：水泥砂浆（15mm）+石墨聚苯板（20mm）+钢筋混凝土（120mm）+水泥砂浆（15mm）。

首先，关于分户楼板的撞击声隔声性能，其使用的是保温隔声系统，见图 3-11，保温层起保温、隔声作用，该构造经过撞击声效果测试，现场声级为 62dB 左右[12]。

图 3-10　浮筑地面构造

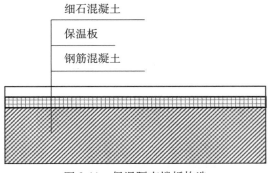

图 3-11　保温隔声楼板构造

外墙构造和面密度 表3-11

外墙构造	水泥砂浆	黑泡保温板	水泥砂浆	煤矸石多孔砖	水泥砂浆
厚度（mm）	5	80	15	200	15
材料密度（kg/m³）	1800	18	1800	1400	1800
综合面密度（kg/m²）	344.4				

其次，各部位的空气隔声量根据艾尔杰里的经验公式计算[13]：

$$R=23\lg m-9 \quad (m \geq 200kg/m^2)$$
$$R=13.5\lg m+13 \quad (m \leq 200kg/m^2)$$

式中，R 为空气声计权隔声量，dB；
$\quad\quad m$ 为综合面密度，kg/m²。

以该项目的外墙为例，其面密度计算见表3-11。面密度为 344.4 ≥ 200kg/m²，使用经验公式计算：

$$R=23\lg m-9=23\lg 344.4-9=49.4 \text{（dB）}$$

同理，可以计算得出其他部位的隔声性能，见表3-12。

各部位的空气声隔声量 表3-12

部位	外墙	分户墙	楼板
计权隔声量（dB）	49.4	53.3	51.0

相关阅读

在围护结构、内外墙等部品部件不断加强的条件下，通风、排水管道的振动成为另一个影响室内声环境重要因素[14]。相比较传统的隔层排水，同层排水可以有效隔绝上下户的排水管噪声。隔层排水见图3-12，卫生器具排水管穿越楼板，排水横管在下层住户卫生间内与立管连接，当上层住户排水时，产生的排水噪声对下层住户的影响很大。

同层排水并不是新技术，其实质是把连接卫生洁具的水平横支管从下层空间的楼顶部位调整布置到同层的地面[16]。同层排水的方式有三种做法：一是采用卫生间楼板下沉方式；二是采用墙排水方式；三是采用垫层式，即垫高卫生间地面[15]。第一种和第三种做法

原理上基本一致，《建筑给水排水设计标准》GB 50015—2019规定，住宅卫生间宜采用不降板同层排水[17]：楼板下沉后，首先局部下沉处的结构设计复杂，且承重大，其次，排水管一旦漏水，问题较为隐蔽，维修困难[15]。

墙体排水在卫生洁具后方砌筑一堵假墙，用于布置管道，排水支管沿假墙敷设，在同一楼层与立管连接，而不用穿越楼板。墙体排水应用效果好，但假墙占用室内的使用空间，因此，卫生器具应尽量布置在同一侧的墙面上，以减少占空面积[18]。

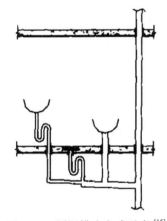

图3-12 隔层排水方式示意[15]

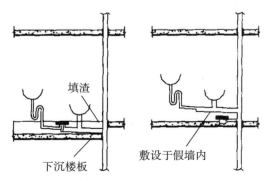

填渣

敷设于假墙内

下沉楼板

图3-13 同层排水（左图：下沉式；右图：墙体式）

随着人们生活水平的提高和建筑技术的发展，同层排水的广泛应用有其必然性，隔声的优点之外，同层排水还有如下优点：首先，房屋产权明晰，卫生间排水管布置在本住户家中，管道检修可以在本户内进行，不干扰下层住户；其次，卫生间的楼板不被卫生器具的管道穿越，减少了渗漏水的风险，也能有效防止病菌的传播[15]。但是，同层排水也有其缺点。首先，维修困难。无论是降板（抬板）还是墙排，排水管道大部分埋入混凝土，拆卸困难；其次，对建筑的空间、结构有影响；第三，施工要求高，墙排模式的洁具选择余地少。

3 室内光环境（条文 5.2.8）

扩大居住建筑的设计进深曾作为一种提升容积率的途径，但是过大的房间进深对天然采光不利，增加照明用的能源，还会影响使用者的身体和心理健康。居住建筑而言，大面宽、窄进深的户型采光更好，更容易实现绿色建筑对室内光环境的要求；实际上，近年来，大面宽的户型设计也更受使用者的欢迎。

A 评价

5.2.8 充分利用天然光，评价总分值为 12 分，并按下列规则分别评分并累计：

1 住宅建筑室内主要功能空间至少 60% 面积比例区域，其采光照度值不低于 300lx 的小时数平均不少于 8h/d，得 9 分。

2 公共建筑按下列规则分别评分并累计：

1）内区采光系数满足采光要求的面积比例达到 60%，得 3 分；

2）地下空间平均采光系数不小于 0.5% 的面积与地下室首层面积的比例达到 10% 以上，得 3 分；

3）室内主要功能空间至少 60% 面积比例区域的采光照度值不低于采光要求的小时数平均不少于 4h/d，得 3 分。

B 策略

《标准》2019 中对光环境的评价只有 1 个条文，主要关注建筑对天然光的利用，指标依据为采光照度值，及达到该值标准的建筑面积和时长。同时，设计过程中，还应当注意控制阳光直射，防止炫光。

1）天然光的照度、面积和时间

人们都希望自己生活、工作的环境有一定的天然光。研究发现，工作环境中，人们能接受的照度值范围在 100 ～ 2000lx 之间，同时，工作人员期望其工作面上的照度能高于 500lx，并且工作面上的照度适当高于背景光[19]：

当室内天然光低于 100lx 时，照度无法满足最基本的视觉工作需要，需要人工照明补充；

当室内天然光在 100 ～ 500lx 时，可以作为单独光源满足人们的视觉工作；

当室内天然光范围在 500 ～ 2000lx 时，是一种较好的天然光源；

当天然光超过 2000lx 时，会产生视觉不舒适感。

室内光环境的评价参照《建筑采光设计标准》GB 50033—2013[20]，室内采光标准值见表 3-13，其中规定，对于居住建筑，卧室、起居室的采光不应低于采光等级 IV 级的采光标准值，侧面采光的采光系数不应低于 2.0%，室内天然光照度不应低于 300lx。

《绿色建筑评价标准》2019 对光环境的评价着眼于天然光，然而天然光的照度受气象条件影响，变化很大，因此，评价指标选取采光系数这一相对值。室内某一点的采光系数 C 是指室内天然光的照度与室外照度的比值，可以用公式计算，

$$C=\left(\frac{E_{n}}{E_{w}}\right)\times100\%$$

式中，E_n 表示室内照度，E_w 表示室外照度。

采光设计标准中，我国分为 5 个光气候区。5 个区域的室外光设计照度值和代表城市见表 3-14。

建筑空间的采光标准值（根据文献[20]绘制） 表 3-13

建筑类型	采光等级	场所名称	侧面采光	
			采光系数标准值（%）	室内天然光照度标准值（lx）
居住建筑	IV	厨房	2.0	300
	V	卫生间、过道、餐厅	1.0	150
公共建筑（办公）	II	设计室、绘图室	4.0	600
	III	办公室、会议室	3.0	450
	IV	复印室、档案室	2.0	300
	V	走道、楼梯间、卫生间	1.0	150

中国光气候分区 表 3-14

光气候区	I	II	III	IV	V
室外光设计照度值（lx）	18000	16500	15000	13500	12000
代表城市	拉萨、林芝	昆明、呼和浩特	北京、大连	上海、台北	成都、重庆

除了天然光的照度，评价过程中还需要计算达到照度要求的面积占比以及时长，详细计算过程可以参见第 5 章模拟部分光环境分析。

2）不舒适眩光

眩光是一种产生不舒适感，或降低观看主要目标的能力，或两者兼有的不良视觉环境，视野中不适宜的亮度分布、悬殊的亮度差等都会引起眩光。

《建筑采光设计标准》GB 50033—2013 建议，采光设计过程应采取措施减小外窗即天然光的眩光。具体措施包括：（1）作业区应减少或避免直射阳光；（2）工作人员的视觉背景不宜为窗口；（3）可采用室内外遮挡设施；

（4）窗结构的内表面或窗周围的内墙面，宜采用浅色饰面。

C 案例

某住宅项目的户型及模型见图 3-14，卧室、书房为凸窗式设计，起居室带 1.5m 进深的阳台。计算的主要功能空间包括起居室、卧室、书房，但不包括连接各功能空间的走道、餐厅、衣帽间，因此在计算过程中去除这些连接区域的面积。

采用绿建斯维尔采光分析软件 Dali 建模，利用 Daysim 内核进行动态采光模拟，最后将计算结果返回到 Dali 进行处理分析，计算结果见表 3-15 和表 3-16。

基础工况房间动态采光计算结果 表 3-15

楼层	房间类型	采光等级	采光类型	设计照度要求（lx）	房间面积（m²）	平均时数（h/d）	达标情况
1~18	起居室	IV	侧面	300	13.90	7.1	否
	卧室	IV	侧面	300	10.52	8.0	是
	卧室	IV	侧面	300	8.82	7.7	否
	卧室	IV	侧面	300	6.98	8.8	是
	卧室	IV	侧面	300	6.12	8.2	是

基础工况总体动态采光判定表 表 3-16

房间类型	采光类型	室内天然光设计照度（lx）	总面积（m²）	平均时数（h/d）	达标情况
起居室	侧面	300	250.12	7.1	否
卧室	侧面	300	584.10	8.0	是
多区域面积加权平均时数（h/d）				7.7	

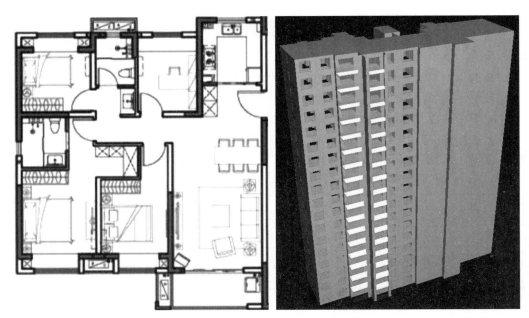

图 3-14　户型图及采光模型图

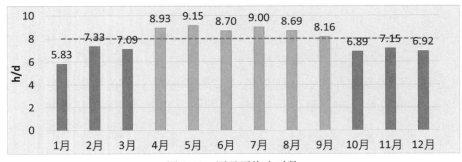

图 3-15　逐月平均小时数

动态分析达标时长柱形图，直观地反映建筑逐月采光效果和达标情况，基础工况满足标准要求照度的月平均时长如图 3-15 所示。

从上述计算看得出，该户型 5 个主要功能房间，其中 2 个房间计算值不能满足 8h/d 的限值，全年中仅 6 个月时间满足 8h/d 的照度要求，从而整个户型面积加权平均后，整体平均照度满足 300lx 的时长也未达到得分要求。

相关技术

导光管系统可以将天然光引入到地下、没有窗户以及大进深的建筑空间[21]，见图 3-16，图中所示为 Velux 的导光管产品，穿过屋面的阁楼，为房间的进深深处增加天然采光。导光管的构想据说最初来自自来水的联想：既然水可以通过水管输送到任何需要的地方，那么光是否也可以做到这一点？[22] 导光管系统主要由三部分组成：用于收集日光的集光器，用于传输光的管体部分，以及用于控制光线在室内分布的出光部分。集光器分成主动式和被动式两种：主动式通过传感器的控制追踪太阳，最大限度地采集日光；被动式则固定不动。整个系统往往还会装有人工光源，作为天然采光不足时的补充。

德国柏林波茨坦广场的导光管，直径约 500mm，顶部安装可以随着日光方向自动调整角度的反光镜，将天然光传输到地下空间，并且自身成为广场景观的一部分，见图 3-17。

图 3-16　导光管产品（来源：Velux 官网）

图 3-17　波茨坦广场的导光管（来源：bing.com）

4　室内热环境（条文 5.2.9）

常说的人体舒适主要是指热舒适。人体的舒适度是一个动态的、个体化特点非常明显的指标。美国采暖、制冷与空调工程师学会（ASHRAE）对热舒适的定义是：在热环境中感到满意的状态。

A 评价

5.2.9 具有良好的室内热湿环境，评价总分值为 8 分，并按下列规则评分：

1）采用自然通风或复合通风的建筑，建筑主要功能房间室内热环境参数在适应性热舒适区域的时间比例，达到 30%，得 2 分；每再增加 10%，再得 1 分，最高得 8 分；

2）采用人工冷热源的建筑，主要功能房间达到现行国家标准《民用建筑室内热湿环境评价标准》GB/T 50785 规定的室内人工冷热源热湿环境整体评价 II 级的面积比例，达到 60%，得 5 分；每再增加 10%，再得 1 分，最高得 8 分。

B 策略

影响"热舒适"的条件包括人的自身因素和客观环境因素两个方面。人是恒温动物，在正常状态下，人的肌体保持恒定的温度。一方面，人体自身的新陈代谢产生热量，另一方面人体与身处的周围环境进行不断的热交换，人体达到热平衡状态[23]：

$$\Delta q = q_m \pm q_c \pm q_r - q_w$$

式中，Δq——人体热负荷，即人体产热率与散热率之差（W/m^2）；

q_m——人体新陈代谢产热率（W/m^2）；

q_c——人体与周围环境的对流换热率（W/m^2）；

q_r——人体与周围环境的辐射换热率（W/m^2）；

q_w——人体的蒸发散热率（W/m^2）。

$\Delta q > 0$ 时，人体体温上升，$\Delta q < 0$

时，人体体温下降，$\Delta q=0$ 时，人体体温保持恒定。

在同一个空间内，由于穿着、身体状态、心情等各方面的差异，有的人觉得闷热，有的人觉得凉爽。研究人员总结出可接受的舒适区范围，见图 3-18，横纵坐标分别是气温和相对湿度，阴影范围表示空气静止状态下的舒适区，图中增加了空气流动和热辐射的维度，当气温偏高时，有一定的空气流动，舒适区会扩大，同样，当气温偏低时，如果环境中有一定的热辐射，舒适区也会扩大。

自然通风为主的房间使用满足舒适度需求的时间进行评价，该时间数值可以使用软件模拟计算。人工环境的室内热环境使用 PMV 和 PPD 进行评价。《民用建筑室内热湿环境评价标准》GB/T 50785 的评价指标见表 3-17。

C 案例

某项目位于夏热冬冷地区，采用辐射系统和机械新风的方式营造人工室内环境。在系统开启状态下，使用 Fluent Airpak 对室内热湿环境的模拟，计算其 PMV 和 PPD 值，计算户型见图 3-19。计算过程中人体的穿衣热阻和新陈代谢参数取值见表 3-18。

人体相关参数取值　　表 3-18

指标	单位	取值
穿衣热阻	clo	0.5（夏）；1.0（冬）
新陈代谢率	met	1.0（放松状态）

夏季工况的计算结果见图 3-20。可以看出，夏季室内主要活动空间的 PMV 能控制在 −0.15 ～ +0.15 之间，PPD 控制在 6% 以内，舒适度佳，达到表 3-17 所示《民用建筑室内热湿环境评价标准》GB/T 50785 中 I 级要求。

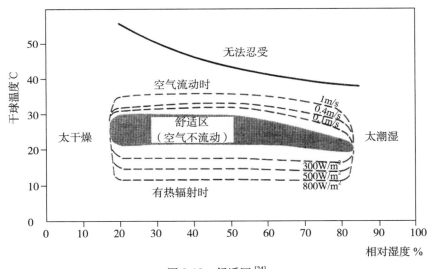

图 3-18　舒适区 [24]

整体评价指标　　表 3-17

等级	整体评价指标	
I 级	PPD ≤ 10%	− 0.5 ≤ PMV ≤ +0.5
II 级	10% < PPD ≤ 25%	− 1 ≤ PMV < − 0.5 或 +0.5 < PMV ≤ +1
III 级	PPD > 25%	PMV < − 1 或 PMV > +1

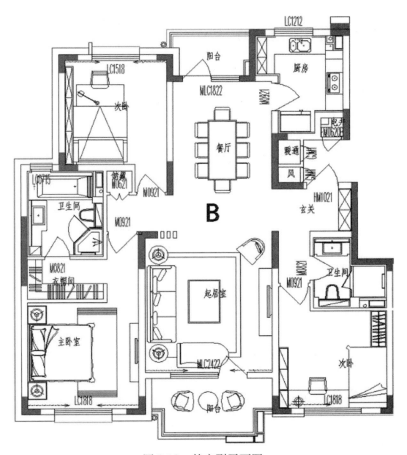

图 3-19　某户型平面图

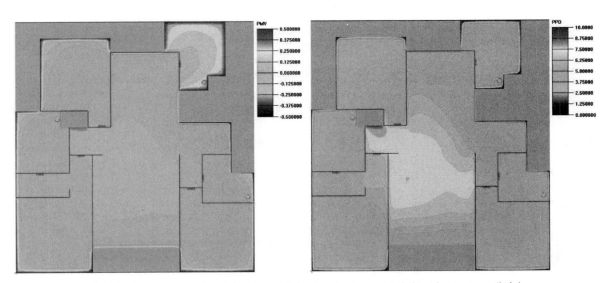

图 3-20　夏季工况下距离地面 0.6m 计算结果（左图：PMV 分布，右图：PPD 分布）

5 室内风环境（条文 5.2.10）

A 评价

5.2.10 优化建筑空间和平面布局，改善自然通风效果，评价总分值为 8 分，并按下列规则评分

1）住宅建筑：通风开口面积与房间地板面积的比例在夏热冬暖地区达到 12%，在夏热冬冷地区达到 8%，在其他地区达到 5%，得 5 分；每再增加 2%，再得 1 分，最高得 8 分。

2）公共建筑：过渡季典型工况下主要功能房间平均自然通风换气次数不小于 2 次 /h 的面积比例达到 70%，得 5 分；每再增加 10%，再得 1 分，最高得 8 分。

B 策略

建筑的自然通风是指通过有目的地在外表皮设置开口，如门、窗户或者内部设置通风竖井等方式产生的空气流动：增加可开启外窗的面积是该条文的关键。

以通风的驱动力而言，自然通风主要包括热压和风压作用下的自然通风，见图 3-21。热压作用是指室内外存在温度差而引起的空气密度差，当建筑物有开口时，其所产生的"烟囱效应"。

建筑的通风系统是整体建筑技术的一项核心组成部分，它影响到建筑室内温度和相对湿度，吉沃尼（Baruch Givoni）将通风功能拆分，认为通风有三种作用。第一，用室外的新鲜空气更新室内由于居住及生活而被污染了的空气，以保持室内空气的洁净，此类通风可称为健康通风；第二，增加体内散热及防止由皮肤潮湿引起的不舒适以改善热舒适条件，此类通风可称为热舒适通风；第三，当室内气温高于室外气温时，使建筑构件降温，此类通风可称为降温通风[25]。相比较机械通风，自然通风在改善室内环境舒适性的同时，还可以满足人与大自然交往的心理需求。

应当说，自然通风技术本质上并不是高技术（High-tech），且古已有之，庭院深深的院落式布局是为了创造"穿堂风"，适当的自然通风被认为是一种有效的被动式节能手段，尤其在温和的过渡季和炎热的夏季，当可开启外窗具有足够的风压，能保证室内获得有效的自然通风。室内空间获得新鲜空气的同时，能有效降温，减少空调系统的使用。但是，完全的自然通风对气候环境、建筑布局都有比较严苛的要求，尤其是在室外环境日益恶化的城市环境中。英国皇家注册设备工程师协会（Chartered Institution of Building Engineers，CIBSE）编写的暖通设计手册（CIBSE Guide）对自然通风的设计流程表达如图 3-22 所示。自然通风的设计路径非常狭窄：当室外得热超过 30 ～ 40W/m² 时，当建筑布局进深过大时，当室外环境非常嘈杂，使用者不能忍受时，适当的机械辅助甚至完全的机械辅助都是必须的[26]。

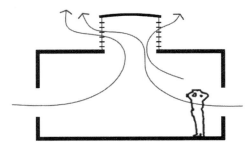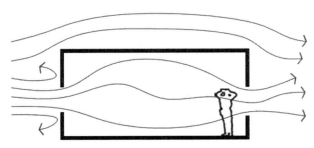

图 3-21 热压通风和风压通风

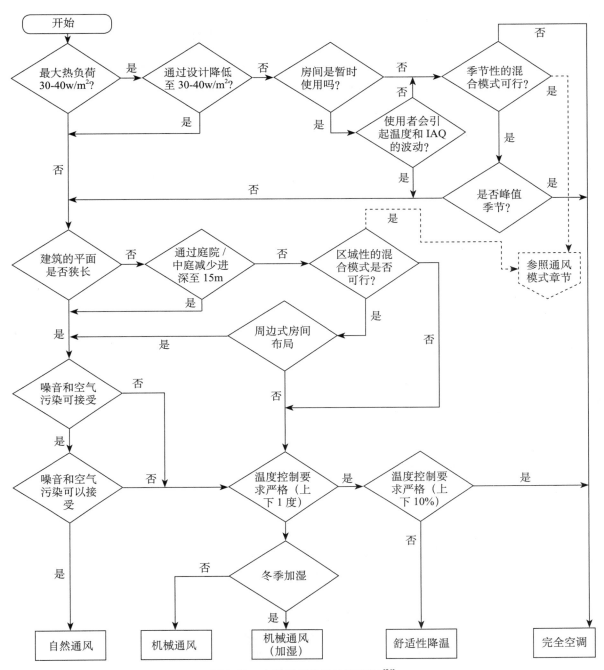

图 3-22　自然通风的设计流程图[26]

C 案例

某居住项目位于夏热冬冷地区，室内房间通风开口面积与房间地板面积比例基准值为 8%，计算每个主要功能房间有效通风开口面积与地板面积的比例，见表 3-19。可以看出，房间通风开口面积与房间地板面积比例最低达到 9.61%（卧室 1），可获得 5 分。

某户型可开启面积和占比统计　表 3-19

房间	房间面积（m²）	外窗面积（m²）	通风开口面积（m²）	比例
卧室 1	16.03	3.24	1.54	9.61%
卧室 2	13.34	3.24	1.54	11.54%
卧室 3	9.61	2.7	1.54	16.02%
起居室+餐厅	30.4	7.2	3.6	11.84%

相关阅读

自然通风具有很强的地域标签，在气候炎热，尤其是干热地区，其具有很强的应用价值。中东地区气候干旱，在Koeppen地图中的代号为B（arid），例如巴格达地区属于BWh分区[①]，传统民居使用捕风塔（Wind Scoop）技术能有效降低室内的温度。

又如管式住宅，是印度建筑师柯里亚提出的一种狭长的住宅模型，自然通风在模型生成概念中占据重要作用。管式住宅通过形体的设计与通风口的设置两者配合，组织并促进室内的自然通风，以适应印度炎热的气候状况，见图3-24。

6　可调节的遮阳（条文5.2.11）

活动遮阳是有效调节室内环境的技术手段，可以根据阳光的角度、强弱进行调节，在合理的操控模式下，活动遮阳比固定遮阳的热工性能更强。在我国的南方部分地区，活动遮阳的作用非常大，规范层面"安装活动外遮阳"甚至一度是强条。同时，遮阳也是重要的建筑语言，对立面有非常大的影响。

A 评价

5.2.11 设置可调节遮阳设施，改善室内热舒适，评价总分值为9分，根据可调节遮阳设施的面积占外窗透明部分的比例按表5.2.11的规则评分。

图3-23　巴格达地区民居，超出屋面的捕风塔[27]

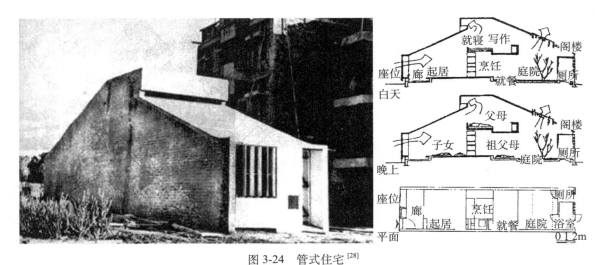

图3-24　管式住宅[28]

① 三个字母分别代表B：主气候干旱（arid），W：降雨少（desert），h：气温干热（hot arid）。

可调节遮阳设施的面积占外窗透明部分
比例评分规则　　　　表 5.2.11

可调节遮阳设施的面积占外窗透明部分比例 S_z	得分
$25\% \leqslant S_z < 35\%$	3
$35\% \leqslant S_z < 45\%$	5
$45\% \leqslant S_z < 55\%$	7
$S_z \geqslant 55\%$	9

B 策略

根据《标准》2019，可调节的遮阳产品包括外遮阳、中置遮阳、内遮阳以及电致变色玻璃等。不同产品的隔热性能不同，其性能通过修正系数 η 和公式表达：

$$S_z = S_{zo} \times \eta$$

式中，S_{zo} 表示遮阳的面积占比；η 表示遮阳面积的修正系数，对于外遮阳，η 为 1.2；对于中置遮阳，η 为 1.0；对于内遮阳，η 为 0.6；当建筑设计固定外遮阳，并在辅助室内活动遮阳时，η 为 0.8。

从隔热性能的角度，外遮阳是最优解。另一方面，在南方地区，活动外遮阳的抗风压性能非常重要。沿海地区的台风天气对活动遮阳有一定的制约，图 3-25 中的遮阳产品中，卷帘的抗风压性能最好。目前也有一些织物卷帘的厂商在抗风压的技术上取得了很大进展。

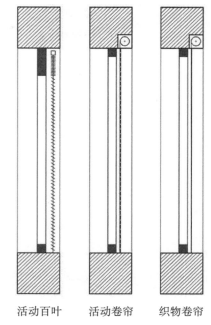

活动百叶　　活动卷帘　　织物卷帘

图 3-25　不同的遮阳产品[29]

C 案例

采光与遮阳之间存在一定的矛盾。遮阳卷帘的遮阳率高，但是当其全部落下，也将可见光全部遮挡在外，影响室内采光。某项目采用织物遮阳产品，外立面实现了公建化的效果，见图 3-26，同时该产品过滤太阳辐射的同时，对可见光具有较好的穿透性，不影响室内的采光和观景，见图 3-27。

图 3-26　某项目采用织物遮阳

图 3-27　可见光能够穿透织物遮阳

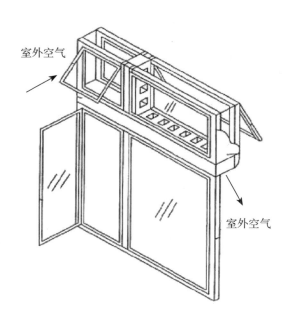

图 3-28　窗体结构

相关阅读

窗户本身存在多对的矛盾，除了采光与遮阳，还有通风与隔声之间的矛盾（即热环境与风环境之间的矛盾）。高性能的外窗具有好的隔声性能，开窗状态下，室内通风和采光良好，但是无法满足安静的要求；关窗状态下，室内的通风换气则需要通过其他途径解决，例如机械新风系统（见第 4 章技术手段部分）。

另一种策略是通风隔声一体窗：在不影响采光的前提下，于窗体内制造一个消声风道。风道中设置消声装置或吸声材料消除随着空气进入风道的声能辐射。目前高性能的通风隔声窗的测试计权隔声量达到 28dB[30]。

图 3-28 中的窗体是目前应用较广的类型，由上部的双层窗和下层的单层窗组成。上部双层部分形成一个可透光的风道连结室内外空气并内设吸声材料进行专业消声，上部窗右侧底部设有通风孔。隔声通风状态下，上部左侧的外开扇开启，上部内开扇和下部窗扇全部关闭，开启的外开扇—消声通道—通风孔形成风道[30]。

四、无障碍和服务设施

无障碍和服务设施的设计是关于可达性的设计。无障碍指为所有人群创造高可达性的室内、室外环境；服务设施中的健身空间指为社区居民提供高可达性的健身场所。

1　无障碍（条文 6.2.2）

无障碍设计是以人为本设计理念的重要体现，建设无障碍的环境，为行动不方便的人们提供安全、方便的城市基础设施，是绿色城市建设的重要内容。行动不方便的人包括老年人，行为障碍者，搬运行李的人，推婴儿车的人等。

A 评价

本条文涉及室内评价的部分。

6.2.2 建筑室内外公共区域满足全龄化设计要求，评价总分值为 8 分，并按下列规则分别评分并累计：

1）建筑室内公共区域、室外公共活动场地及道路均满足无障碍设计要求，得 3 分；

2）建筑室内公共区域的墙、柱等处的阳角均为圆角，并设有安全抓杆或扶手，得3分；

3）设有可容纳担架的无障碍电梯，得2分。

B 策略

室外的无障碍要求体现在第一个指标："建筑室内公共区域、室外公共活动场地及道路均满足无障碍设计要求。"

室内空间的可达性考察需要帮助的人群离开或者到达室内空间的难易程度，建筑内公共空间的无障碍设计应保持连续性，实现"出的来，下的去"：使用者能够从套内空间出的来，并能够便利地到达地面层，进入外部空间。同时，行进途中，设置扶手等装置帮助老人或者儿童，墙体转角处也采用圆弧，避免摔倒后的磕碰。

无障碍设计应满足《无障碍设计规范》GB 50763—2012 的要求。无障碍的城市建设是一个完整的体系，涉及城市道路、广场、绿地、居住区、建筑等，具体到设施包括坡道、出入口、通道、扶手、轮椅位、无障碍车位、标识系统等。以轮椅坡道为例，其最大高度和水平长度应满足表 3-20 的规定。

轮椅坡道的最大高度和水平长度 [31]　表 3-20

坡度	1：20	1：16	1：12	1：10	1：8
最大高度 (m)	1.2	0.9	0.75	0.6	0.3
水平长度 (m)	24.0	14.4	9.0	6.0	2.4

（注：其他坡度可以用插入法进行计算）

担架电梯已经是居住建筑设计的强条。根据《住宅设计规范》GB 50096—2011 条文 6.4.2：12 层及 12 层以上的住宅，每栋楼设置电梯数量不应少于两台，其中应设置一台可以容纳担架的电梯[32]。根据《住宅设计规范》，候梯厅的进深应当不小于 1.5m，且不小于轿厢的深度，因此，轿厢尺寸对住宅核心

筒和整体布局的影响非常大，尤其是担架梯比常规电梯的尺寸大，其尺寸对住宅建筑的平面布局可能会产生颠覆性的影响。

相关阅读

担架电梯的尺寸存有一定争议。例如，青岛市 2010 年发布的《青岛市住宅担架电梯要求》中规定，轿厢的最小尺寸为 1100mm × 2100mm，以满足担架可以平放进出；郑州市 2016 年发布的《郑州市住宅可容纳担架电梯设计导则》规定，当条件受限时，可以选用尺寸为 1500mm×1600mm 的轿厢，担架可以成角度进出；2019 年，住房和城乡建设部发布的《住宅项目规范》（征求意见稿）条文 7.5.1 中规定，每个设置电梯的居住单元应至少有一台担架电梯，且电梯轿厢的尺寸不应小于 1500mm×1600mm，轿厢门的净宽不应小于 900mm。

此外，还有相应的电梯井道尺寸相关规定，因此，担架电梯的设计还需要结合地方详细规定而进行。

C 案例

坡道、倒圆角等设计要点目前实际上已经是设计和建造的共识，然而要实现完全的"出的来，下得去"，达到百分百的无障碍，体现在无数的细节之中。例如门的无障碍设计应包括三个方面，一是应便于操控，二是有回转空间，三是应当控制门两侧的高差。关于第三点，《无障碍设计规范》GB 50763—2012 要求门槛高度及门内外的地面高差不应大于 15mm，并以斜面过渡。满足这一要求，则需要门窗供应商与设计的通力合作。图 3-29 中，门槛采用较低的滑轨设计，并与地板、地砖的厚度相配合，实现隐藏式的门槛，达到无障碍，与此同时，门槛需要满足其他要求，如耐久性、保温性等。

图 3-29　提升推拉门的无障碍门槛设计 [33]

2　健身空间（条文 6.2.5）

2020 年初 COVID-19 新冠疫情暴发，饱受争议的封闭式住宅小区却恰恰实现了很好的封闭隔离、抗击疫情，在无法共享使用其他健身设施的情况下，社区的健身场地为居民提供了宝贵的场所。

A 评价

6.2.5　合理设置健身场地和空间，评价总分值为 10 分，并按下列规则分别评分并累计：

1　室外健身场地面积不少于总用地面积的 0.5%，得 3 分；

2　设置宽度不少于 1.25m 的专用健身慢行道，健身慢行道长度不少于用地红线周长的 1/4 且不少于 100m，得 2 分；

3　室内健身空间的面积不少于地上建筑面积的 0.3% 且不少于 60m²，得 3 分；

4　楼梯间具有天然采光和良好的视野，且距离主入口的距离不大于 15m，得 2 分。

B 策略

条文 6.2.5 与条文 6.2.4 关系互补，后者侧重于从外部"共享"公共空间，而本条文的目的在于推动项目的"自给"：合理建设健身场地，为使用者提供了更便利的健身条件。

1）室外健身场地的服务半径不宜大于 300m。

2）健身慢行道是供人们行走、慢跑的专门道路，宜采用弹性减振、防滑的材料，以减少对人体关节的冲击，见图 3-30。

3）室内的健身场所需要具有一定规模方能得分。若健身场所收费，向业主提供优惠，本款也可以得分。

4）楼梯距离出入口的建议与 WELL 标准的要求相一致：鼓励人们选择走楼梯上下，倡导健康的生活方式。15m 的距离对应于《建筑设计防火规范》GB 50016—2004（2018 年版）的规定：当层数不超过 4 层且未采用扩大的封闭楼梯间或防烟楼梯间前室时，可将直通室外的门设置在离楼梯间不大于 15m 处。

C 案例

某办公建筑中步行的楼梯位于平面的中心，在办公空间的醒目位置，鼓励员工使用楼梯进行绿色的垂直交通，见图 3-31。楼梯直达屋面，自下而上视线可达天空，自上而下自然光引入室内，与楼梯相连的背景墙也与步行人员进行互动，打破上下楼梯的单调、乏味。此外，楼梯设置了记步系统，记录工作人员在楼梯的上下步数，将运动情况数据化呈现，鼓励对楼梯的使用。

图 3-30　室外健身跑道

图 3-31　舒适的室内楼梯（来源：https：//www.sohu.com/a/411631119_725937）

五、节材性

1　装修一体化（条文 7.2.14）

所谓一体化设计施工，要求土建设计、机电设计和装修设计统一协调，在土建设计时充分考虑建筑空间的功能改变的可能性及装饰装修（包括室内、室外、幕墙、陈设）、机电（暖通、电气、给水排水外露设备设施）设计的各方面需求，事先进行孔洞预留和装修面层固定件的预埋，避免在装修时对已有建筑构件打凿、穿孔。还可选用风格一致的整体吊顶、整体橱柜、整体卫生间等，这样既可减少设计的反复，又可以保证设计质量，做到一体化设计。

A 评价

7.2.14 建筑所有区域实施土建工程与装修工程一体化设计及施工，评价分值为 8 分。

B 策略

评分项要求的"土建工程与装修工程一体化设计及施工"是指覆盖了工程项目的所有区域。前置条件中也提出，对于一星级、二星级、三星级项目，要求全装修交付，范围要求如下：

住宅套内及公共区域全装修满足现行行业标准《住宅室内装饰装修设计规范》JGJ 367、《住宅室内装饰装修工程质量验收规范》JGJ/T 304 及现行国家标准《建筑装饰装修工程质量验收标准》GB 50210 的相关要求；

公共建筑的公共区域全装修应满足现行国家标准《建筑装饰装修工程质量验收标准》GB 50210 的相关要求。公共建筑要获得本条分数，还需要注意除公共区域外，其他功能区域均需要满足全装修，对于出售、出租型公建，所有区域全装修交付存在一定难度。

C 案例

某公共建筑，功能为展示中心，在建筑方案设计时，与室内设计同时开展，暖通、给水排水等各专业充分沟通。图 3-32 所示，建筑的一层室内空间分成 5 个使用区域，室内设计和装修随之配套，除去 2 处挑空空间，另外 3 个区域的顶棚同步设计，造型、材料与灯光、管线等结合，做到所有区域建筑设计与装修工程一体化设计、施工，避免了由于设计步调不一导致的返工。

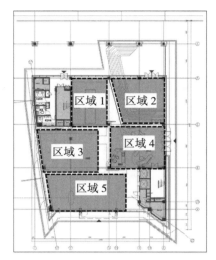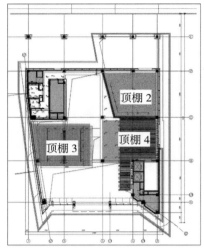

图 3-32　功能分区和顶棚设计分区

六、场地生态和景观

该部分与设计相关的内容分成 3 个方面。一是雨水控制，即与海绵城市有关的建议；二是景观绿地；三是吸烟点的设计，是一条新增的条文。

1　雨水径流（条文 8.2.2）

雨水控制已经被多个国家纳入绿色建筑评价体系，如美国 LEED 中的低影响开发（Low Impact Development，LID），又称为低影响设计（Low Impact Design，LID）或低影响城市设计和开发（Low Impact Urban Design and Development，LIUDD），是指基于模拟自然水文条件，采用源头控制理念实现雨水控制与利用的一种雨水管理方法[34]。LID 提倡尽可能模拟雨水的自然循环过程，因地制宜，采用绿色屋面、植被浅沟、下凹绿地等措施对雨水径流进行生态化处理。

A 评价

8.2.2 规划场地地表和屋面雨水径流，对场地雨水实施外排总量控制，评价总分值为 10 分。场地年径流总量控制率达到 55%，得 5 分；达到 70%，得 10 分。

B 策略

绿色评价标准中与海绵城市设计相关的条文有：8.1.4、8.2.2、8.2.5。海绵城市是一项专项设计，与给排水、景观设计密不可分。总体设计思路可以这样理解：

首先要确定设计总体目标，也就是本条中的"年径流总量控制率"，类似于建筑设计首先要确定容积率一样，确定场地需要实现的雨水控制目标。

其次，根据场地特点，合理增强下垫面的渗透性，也即是说，尽可能还原建设前的土地渗透性能，可以通过提高绿地面积、屋顶绿化面积、透水铺装面积实现。这里可以计算出一个关键系数——室外综合雨量径流系数，该系数是计算场地总体雨水调蓄量的关键参数之一。下垫面渗透性能越低（绿地面积、屋顶绿化面积、透水铺装面积相对较少），室外综合雨量径流系数越大；下垫面渗透性能越高（绿地面积、屋顶绿化面积、透水铺装面积相对较大），室外综合雨量径流系数越小。

第三，根据雨水调蓄计算公式，计算场地需要调蓄的总雨水量。年径流总量控制率设定得越高，室外综合雨量径流系数越大，场地需要调蓄的总雨水量越大。

第四，根据场地需要调蓄的总雨水量制

定调蓄方案。调蓄的方式可分为两大类：地表和地下。常见的地表调蓄方式有：下凹式绿地、生物滞留池、雨水花园等；常见的地下调蓄方式有：模块化蓄水池、混凝土雨水池。各种调蓄措施可以根据场地特征相结合使用，总体调蓄总量要超过"场地需要调蓄的总雨水量"，才能最终实现"年径流总量控制率"设计总目标。

第五，合理回用雨水。调蓄的雨水可以实现降雨削峰的效果，还应尽可能将调蓄的雨水就地利用，真正实现降在场地的雨水就地消纳的目标。回用的方式，应当根据项目特点而制定，常见的回用途径有：绿化浇洒、道路冲洗等。

本条是海绵城市的设计要求，海绵城市是通过控制雨水径流，实现①削弱场地内雨水外排量；②调峰，错时向市政排放雨水；③净化，减少进入市政雨水管网中的污染物；④再利用，尽可能回用雨水。

场地中的雨水除去以蒸发的形式返回大气中，场地中的雨水有下渗到地下和径流汇入水体中两条途径。伴随着城市化，在传统的建设模式下，城市中越来越多的硬质铺地，雨水难以渗入地下，雨水的径流系数大（表3-21），形成高于城市化之前的雨水径流总量和洪峰，导致越来越严重的城市内涝和地下水位下降等问题。而另一方面，大量增加的雨水径流排放进入城市的水体，加剧了城市水环境污染，也成为城市水体富营养化的原因之一[35]。

当有多种雨水汇集场地时，求取综合雨水径流系数：

$$\Psi_0 = \frac{\sum R_i \Psi_i}{R_0}$$

式中，Ψ_0——不同下垫面的综合雨水径流系数；

Ψ_i——某类下垫面的雨水径流系数；

R_i——某类下垫面的面积，m^2；

R_0——雨水收集下垫面总面积，m^2。

各类地面雨水径流系数[17]　　　表3-21

地面种类	Ψ
混凝土和沥青路面	0.90
块石路面	0.60
级配碎石路面	0.45
干砖及碎石路面	0.40
非铺砌路面	0.30
绿地	0.15

《标准》2019鼓励建设项目对场地实施雨水的排放总量控制，评价指标是年径流总量控制率①，指通过自然和人工强化的入渗、调蓄和收集等方法，场地内累计一年得到控制的雨水量占全年总降雨量的比例。条文8.2.2中涉及55%和70%两档数值，当年径流总量控制率达到55%或者70%时，建设项目可以获得5分或者10分，此外，出于维持场地生态、基流的需要，年径流控制率不宜大于85%[36]。部分城市的年径流总量控制率和对应的设计控制雨量如表3-22所示。

年径流总量控制率对应的设计控制雨量[36]　　　表3-22

城市	年均降雨量（mm）	年径流总量控制率对应的设计控制雨量（mm）		
		55%	70%	85%
北京	544	11.5	19.0	32.5
上海	1158	11.2	18.5	33.2
南京	1053	11.5	18.9	34.2
广州	1760	15.1	24.4	43.0
乌鲁木齐	282	4.2	6.9	11.8

---

① 年径流总量控制率也是海绵城市建设的重要指标。

C 案例

某项目总用地面积为 125426m²，绿地面积为 43912m²，建筑占地面积为 41525m²，道路广场面积为 39989m²。根据室外雨水管线，场地分 2 个汇水分区，见图 3-33。项目采用多项措施控制雨水径流：室外人行道、车行道、停车位等采用透水铺装；使用景观水体、下凹式绿地、滞蓄型植草沟等海绵设施，布置分区面积统计和综合径流系数见表 3-23。

经过计算，本项目的综合雨量径流系数为 0.54。该地区年径流总量控制率达到 70% 时，控制降雨量值为 24.3mm，因此可以计算得出该场地的需要调蓄的降雨量为 1645.84m³。

其次，计算海绵设施的雨水调蓄量，各区域的调蓄容积见表 3-24。

植草沟和下凹式绿地的调蓄深度按照 100mm 计算，自然水景预留 200mm。滞蓄型植草沟总调蓄量为 152.3m³，红线范围内的下

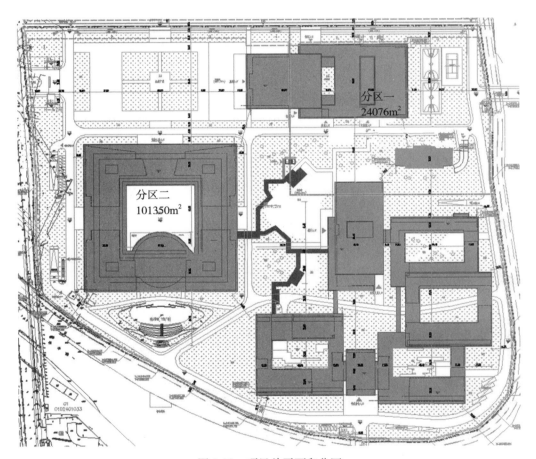

图 3-33　项目总平面和分区

海绵设施分区面积统计和综合径流系数计算　　　　　　　　　　　　　　　　　　表 3-23

分区	透水铺装 (m²)	水体 (m²)	植草沟 (m²)	下凹绿地 (m²)	普通绿地 (m²)	非透水铺装 (m²)	硬质屋顶 (m²)	综合雨量径流系数
雨量径流系数	0.4	1	0.15	0.15	0.15	0.8	0.8	
分区 1	2716.98	1587	248	1236	7451	3752.02	7248	0.53
分区 2	15609.62	4851	1275	6547	24087	14540.38	34277	0.54
总体 (m²)	18326.6	6438	1523	7783	31538	18292.4	41525	0.54

海绵设施的调蓄容积 表 3-24

分区	植草沟调蓄容积（m³）	下凹式绿地调蓄容积（红线内）（m³）	下凹式绿地调蓄容积（红线外）（m³）	水体调蓄容积（m³）	蓄水池的容积（m³）
分区 1	24.8	123.6	77.0	317.4	0
分区 2	127.5	654.7	72.2	524.8	470
总体	152.3	778.3	149.2	842.2	470

凹式绿地总调蓄量为 778.3m³，红线范围外总调蓄量为 149.2m³，总调蓄量为 842.2m³；同时，在分区二设置一处 470m³ 的蓄水池，合计整体地块总调蓄量为 2392m³（＞ 1645.84m³），满足年径流总量控制率达到 70% 的要求，条文 8.2.2 可以得 10 分。

2 绿地（条文 8.2.3）

居住区内的绿地包括公共绿地、宅间绿地等，但不包括屋顶、露台的人工绿地。一方面，绿地是公众、居民休憩，调节生活的空间，另一方面，绿地起到美化自然环境，调节微气候，缓解城市热岛效应的作用。《标准》2019 结合两个主要指标对景观绿地的评价：绿地率和人均集中绿地面积。

A 评价

本条文中，居住建筑与公共建筑的评价方式不一样。具体如下所示：

8.2.3 充分利用场地空间设置绿化用地，评价总分值为 16 分，并按下列规则评分：

1 住宅建筑按下列规则分别评分并累计：

1）绿地率达到规划指标 105% 及以上，得 10 分；

2）住宅建筑所在居住街坊内人均集中绿地面积，按表 8.2.3 的规则评分，最高得 6 分。

住宅建筑人均集中绿地面积评分规则 表 8.2.3

人均集中绿地面积 A_g（m²/人）		得分
新区建设	旧区改建	
0.50	0.35	2
$0.50 < A_g < 0.60$	$0.35 < A_g < 0.45$	4
$A_g \geq 0.60$	$A_g \geq 0.45$	6

2 公共建筑按下列规则分别评分并累计：

1）公共建筑绿地率达到规划指标 105% 及以上，得 10 分；

2）绿地向公众开放，得 6 分。

B 策略

绿地率指项目的用地范围内总的绿地面积与总用地面积的比率。

对于居住建筑，如果项目的出让条件规定绿地率应不小于 30%，那么，当绿地率达到 31.5% 或以上，可以满足指标（1），获得分数。相比较《标准》2014 明确要求绿地率不小于 30%，该指标的修订提升了其评分难度。对于一些居住项目，30% 的绿地率已经是很高的要求，尤其采用低、多层的单体建筑较多时。例如，高容积率条件下采用高低配的布置方式，以叠墅产品提升产品溢价时，低层的叠墅建筑对容积率和绿地率都形成很大的挑战。指标（2）所要求的集中绿地与一般意义的绿地不同，其要求较高：宽度不小于 8m，面积不小于 400m²。与指标（1）类似，当用地内低层、多层建筑占比较多时，建筑间距本身就非常小，很难获得满足要求的集中绿地；而相应的，新加坡中央大花园模式的居住小区，高层建筑占地面积小，且相互之间的间距大，很容易形成大花园，集中绿地的评价要求也更容易达到。

对于公共建筑，《标准》2019 提出了额外的要求，指标（2）鼓励项目的绿地系统可以分时或者分区域地对公众开放。该指标目的在于鼓励公共建筑与城市公众共享其场地，提升城市空间的品质，创造更宜人的城市空间，方便周边居民的生活。建筑策划和建筑设计过程中需要结合后期运营的场景，设计适当的管理边界，以真正实现室外空间的共享。

成为市民的公共活动空间。

C 案例

在用地面积非常紧张的条件下，提升绿地率的难度比较大。通过巧妙的设计，将绿地空间向社区开放共享是一种有效的得分手段[37]。图 3-34 中的上海自然博物馆，水体、绿地与周边的公园融为一体，蜿蜒向上的坡屋面成为重要的形式要素。图 3-35 为常州文化中心，底层设计的开放水道从地块穿过，

图 3-34　上海自然博物馆

图 3-35　常州文化中心

3 吸烟区（条文8.2.4）

《标准》2019第5.1.1条文控制项，明确建议建筑的出入口应当禁烟。本条文8.2.4为吸烟区的设置提供了详细的建议，两条指标是递进的关系。

A 内容

8.2.4 室外吸烟区位置布局合理，评价总分值为9分，并按下列规则分别评分并累计：

1）室外吸烟区布置在建筑主入口的主导风的下风向，与所有建筑出入口、新风进气口和可开启窗扇的距离不少于8m，且距离儿童和老人活动场地不少于8m，得5分；

2）室外吸烟区与绿植结合布置，并合理配置桌椅和带烟头收集的垃圾桶，从建筑主出入口至室外吸烟区的导向标识完整、定位标识醒目，吸烟区设置吸烟有害健康的警示标识，得4分。

B 策略

首先，吸烟区的位置选取，应当距离主入口和老人、儿童活动区一定距离；其次，吸烟区的设计，可以与绿植结合，并有垃圾桶和醒目的标志。

C 案例

某公共建筑的吸烟区布设在建筑外，并且远离建筑物出入口。吸烟区没有因陋就简，疏于设计，而是采用与远处建筑主体相一致的设计语言，设计了导向和标志，见图3-36。

图3-36　吸烟区

上海虹桥机场2号航站楼外侧的吸烟区距离入口一定距离，吸烟区域的设计与廊道相结合，既有标识性，也有装饰性，见图3-37。

图3-37　吸烟区

4 绿色雨水设施（条文8.2.5）

美国环保局（EPA）对绿色基础设施的描述为："采用自然生态系统或模拟自然的人工系统的一系列产品、技术和措施，以保障区域整体的环境质量，提供有效的服务。"西雅图公共事业局基于雨水洪水控制和利用，提出了一个更为专业的术语——绿色雨水基础设施（Green Storm Water Infrastructure），主要针对城市雨洪控制利用的一类绿色技术设施，主要包括生物滞留池（雨水花园）、透水铺装、绿色屋面、蓄水池等，可以用于不同的尺度和多样的场景[35]，见表3-25。

绿色雨水基础设施应当与景观专业紧密结合，更有效保障城市环境的同时，可以实现美观、实用等多种功能。对应《标准》2019的条文8.2.5。

三种应用层次的绿色雨水基础设施典型技术措施（来源：文献[35]） 表 3-25

层次	技术措施	特点
场地	绿色屋面	对建筑屋顶的雨水减量、截污等，具有多种环境效益
	雨水桶	收集场地雨水，直接利用
	初期弃流装置	对场地内各种源头的雨水径流截污、弃流
	下凹式绿地	生物滞留设施，以渗透功能为主
	雨水花园	有景观功能的生物滞留设施，具有渗透、净化等多种功能
	透水铺装	对硬地汇水面的雨水径流进行源头减量、截污
	植被浅沟	兼具径流输送、净化和渗透等功能
居住小区	绿色停车场	指停车场的设计和改造，组合应用渗透铺装、雨水花园、下凹式绿地等措施
	绿色街道／公路	指社区街道和城市公路的设计和改造，组合应用渗透铺装、下凹式绿地、植被浅沟等措施
	小型雨水湿地	针对小区域的雨水集中净化措施
	生态景观水体	在小区内应用的集中调蓄措施，同时具有良好的景观和环境效益
流域	滨水生态景观带	对硬质驳岸的河道堤岸进行改造，具有截污、净化和景观等多种功能
	生态走廊 生态公园	在较大的区域内，多种技术措施的综合应用，兼具景观、环境、生态、经济、社会等多种效益
	自然保护区	对较大范围内的雨水径流集中调蓄、净化

A 评价

8.2.5 利用场地空间设置绿色雨水基础设施，评价总分值为 15 分，并按下列规则分别评分并累计：

1）下凹式绿地、雨水花园等有调蓄雨水功能的绿地和水体的面积之和占绿地面积的比例达到 40%，得 3 分；达到 60%，得 5 分；

2）衔接和引导不少于 80% 的屋面雨水进入地面生态设施，得 3 分；

3）衔接和引导不少于 80% 的道路雨水进入地面生态设施，得 4 分；

4）硬质铺装地面中透水铺装面积的比例达到 50%，得 3 分。

B 策略

该条所有得分点均属于海绵城市设计的技术措施。海绵城市的措施有：

渗——屋顶绿化、透水铺装；

滞——雨水花园、植草沟、雨水塘、雨水湿地等；

蓄——自然或人工地形蓄水、地下蓄水池、新材料蓄水模块；

净——生态净化设施、环保型雨水口、设施净化；

用——景观补水、绿化浇洒、冲洗；

排——外排。

应当根据项目下垫面特征，合理设计海绵城市措施，最终实现控制径流的目标。

根据《标准》2019，绿色雨水基础设施的评价指标分成两个类型。一是通过地面的生态设施加强对雨水的调蓄；二是通过透水铺装，增强雨水的下渗。地面生态设施指下凹式绿地、雨水花园、树池等；透水铺装指既能满足路用的强度、耐久性要求，又能使雨水通过铺装下基层相同的渗水路径直接渗入下部土壤的地面铺装系统，如使用植草砖、透水沥青、透水混凝土、透水地砖等透水铺装材料[36]。

C 案例

某项目收集场地内大部分屋面、地面的雨水，回收至雨水收集池后用作绿化灌溉、道路和车位冲洗，多余部分排放至市政雨水管。

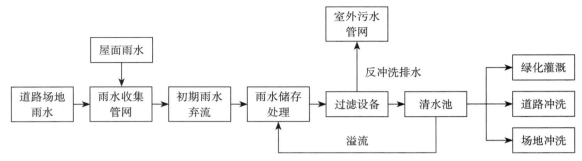

图 3-38　雨水回收的流程图

　　雨水收集的流程见图 3-38。住区建筑单体的屋面采用传统的重力式屋面排水系统。雨水立管下至地面的检查井，通过雨水收集管道串联连接，并最终汇集至雨水调节池前的雨水分流井，分流井设置初期雨水排放管，使得降雨初期较脏的雨水排入市政雨水管网。中后期较为洁净的雨水进入雨水调节池，通过调节池使大颗粒的泥沙沉淀。利用雨水设备房内的雨水提升泵从调节池抽水，然后经过全自动自清洗过滤器过滤和消毒杀菌后储存至雨水清水池内，最后通过恒压变频泵组将洁净雨水供给住区的绿化灌溉系统，室外道路及停车位的冲洗等。

　　该项目在地块内部设置有透水沥青、透水砖、植草砖、木铺装、沙坑等多种透水铺装，可以有效控制雨水径流。此外，该项目没有采用其他的绿色雨水基础设施。

　　室外硬质铺装总面积 18000m²，其中透水铺装的总面积 9800m²，透水铺装面积比例达到 54.4%，大于条文 8.2.5 建议的 50%。

七、室外物理环境

　　《标准》2019 对室外物理环境的评价包括声、光、风、热 4 个方面，声环境的评价与规划条件相关，属于前置条件，而规划设计对光、风、热环境都会产生影响。

1　室外光环境（条文 8.2.7）

　　室外的光环境问题是指对光污染的控制。国际上将光污染一般分为三类，即白亮污染、人工白昼和彩光污染[38]。白亮污染主要指建筑物外表皮产生的强反射；后两类光污染问题——人工白昼和彩光污染，是伴随着人工光源的发明、使用而提出的，都和夜间照明相关。这里将他们分成两个大类：建筑设计产生的建筑光污染和照明设备引起的设备光污染。《标准》2019 对光污染的控制策略从建筑和设备两个方面展开：降低建筑物表面的可见光反射比和合理选用室外的照明器具。条文分建筑设计和照明设计两个评价指标，并累计赋分。

A 评价

　　8.2.7 建筑及照明设计避免产生光污染，评价总分值为 10 分，并按下列规则分别评分并累计：

　　1 玻璃幕墙的可见光反射比及反射光对周边环境的影响符合《玻璃幕墙光热性能》GB/T 18091—2015 的规定，得 5 分；

　　2 室外夜景照明光污染的限制符合现行国家标准《室外照明干扰光限制规范》GB/T 35626—2017 和现行行业标准《城市夜景照明设计规范》JGJ/T 163—2008 的规定，得 5 分。

B 策略

　　（1）建筑光污染

　　建筑物的白亮涂料、面砖、抛光大理石都会产生白亮污染，但危害最为严重的还是玻璃幕墙产生的光污染。玻璃幕墙产生强烈反光时，影响驾驶员，造成交通安全隐患；幕墙的局部聚光作用还会引起道路沥青融化，甚至火灾。

　　伦敦的"对讲机大楼"的外立面呈现内凹的形态，在阳光的照射下，产生反射并且形成光线的聚焦效应，见图3-39。"平坦的表面不会产生任何对焦，向外凸出的曲线，如伦敦的瑞士再保险公司大楼（小黄瓜），能使光线散焦；但对讲机大楼的凹形墙面会使光线聚焦"[39]，因此特殊的造型使得"对讲机大楼"的玻璃幕墙所产生的光污染呈几何级数放大。大楼的聚焦效应每天持续时间达到2个小时，测温器在黑色塑料表面能够检测到93℃的高温，反射的强光甚至将停在路边的汽车后视镜和车身烧熔化了。

可见光光反射比是指在可见光谱（380nm～780nm）范围内，玻璃或其他材料反射的光通量对入射的光通量之比[40]。《玻璃幕墙光学性能》GB/T 18091—2015对玻璃幕墙的部分规定如下：

4.3 玻璃幕墙应采用可见光反射比不大于0.3的玻璃；

4.5 在T形路口正对直线路段处设置玻璃幕墙时，应采用可见光反射比不大于0.16的玻璃；

4.6 构成玻璃幕墙的金属外表面，不宜使用可见光反射比大于0.3的镜面和高光泽材料；

4.11 在与水平面夹角0°～45°的范围内，玻璃幕墙的反射光照射在周边建筑窗台面的连续滞留时间不应超过30min；

4.13 当玻璃幕墙反射光对周边建筑和道路影响时间超出范围时，应采取控制玻璃幕墙面积或对建筑立面加以分割等措施；

4.14 玻璃幕墙反射光分析应采用通过国家建设主管部门评估的专业分析软件，评估机构应具备国家授权的资质及能力。

可以看出，幕墙的光环境性能与建筑的方位朝向、幕墙材料有关。建筑项目的各个阶段与光环境的营造都有密切关系。建筑策划阶段选择立面系统，方案设计阶段决定建筑形体、朝向、形态等，施工图设计阶段选取部品部件，见图3-40。

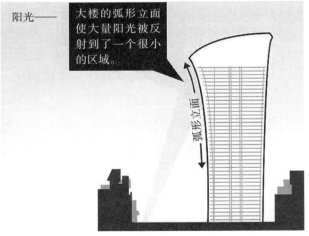

图3-39 伦敦对讲机大楼

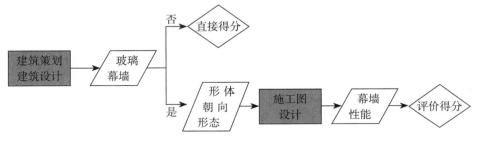

图3-40 幕墙性能项目阶段和评价影响因素

（2）设备光污染

20世纪30年代，国际天文界认为光污染——城市室外照明使天空发亮，影响天文观测[41]；居民使用层面，日光灯的一些缺点开始被人们发现，其对眼睛、皮肤、精神都有潜在的危害[42]。自然光经过反射，产生强烈的反光、眩光，也会产生光污染。

夜间的光源与照明对室外环境中的动物、植物造成光污染。一般较长的光照促进植物生长，但过长的光周期会破坏植物的生长规律，影响它们的生长发育，表现为花期延长，落叶推迟，农作物产量、可育性降低等[43]。人工光源造成动物对季节、时间的判断错误，其亮度甚至可以传播到数公里以外，影响动物夜间活动和休息。研究人员通过对栖居在颐和园的珍稀保护动物——雨燕的观测，发现粗暴的夜间照明极大地影响雨燕的夜间休息。雨燕对夜间照明非常敏感，在光源开启5分钟内就会有异常反应，而光源关闭后，雨燕由于环境骤然变黑，会乱飞乱撞，甚至飞出巢穴[44]。

照明器具的光逸散（也作光溢散）是夜间光污染最主要、最直接的形式。如图3-41所示，使用大功率的泛光灯照射行道树和草坪，不仅对水平照度没有作用，对垂直照度的贡献也不大，主要的光能量射向天空，形成严重的光逸散[45]。夜间照明光逸散有直接逸散、反射逸散、二次逸散、入侵逸散等多种类型[46]，如图3-42所示。直接逸散指光线直接散出目标建筑；反射逸散指光线被目标建筑发射，射向无用空间；二次逸散指光线从目标建筑反射到其他物体后，再次反射到无用空间；入侵逸散指光线穿过建筑门窗而产生的干扰。

图3-41　逸散光污染[45]

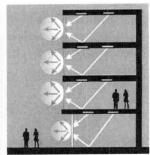

图3-42　光逸散的类型[45]

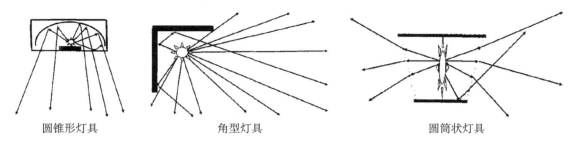

圆锥形灯具　　　　　　　　　角型灯具　　　　　　　　　　　圆筒状灯具

图 3-43　三种不同类型的灯具 [45]

对逸散光的控制则在于增加灯具照射的有效性，减少无用光线的比例，提高灯具的利用效率。其中，灯具的投光方向和灯具的安装位置，是有效防止光污染的重要因素。不同的灯具，其材料和内部构造不同，导致光通量分布不同。图 3-43 中，圆筒状灯具的逸散、光干扰最严重，圆锥形灯具对逸散光的控制最好，角型灯具介于两者之间。圆锥形灯具是室外照明优先选用的灯具形式之一。

C 案例

（1）建筑光污染

某项目考虑到使用需求，立面采取了玻璃幕墙。建筑一层局部和二层的全部均使用了大面积的玻璃幕墙，结合不同的立面效果采用不同的幕墙结构，玻璃产品采用不同的玻璃和辐射膜组合形成不同的中空玻璃，玻璃颜色总体呈蓝灰色。幕墙的可见光反射比为 0.11，在规范允许的范围之内，见表 3-26。

（2）设备光污染

该项目的外部环境有大量活动场地，室外照明均采用小功率、节能型的灯具（草坪灯、庭院灯、射树灯、LED 灯带等，见图 3-44），没有直接射入空中的照明灯光，并且有效控制溢散光，不会对小区建筑造成照明的光污染。

项目中的玻璃幕墙构造及可见光反射比　　　　　　　　　表 3-26

部位	构造	中空玻璃	可见光反射比
一层	竖明横隐（横剖）	中空双银钢化夹胶玻璃	0.11
		8+1.9PVB+8（low-e）+16A+8+1.9PVB+8，low-e 层位于 #4 表面（第二片玻璃内侧）	
二层	明框幕墙（横剖）	中空双银均质钢化玻璃	0.11
		6（low-e）+12A+6，low-e 层位于 #2 表面（外侧玻璃内侧）	

| 草坪灯 | 庭院灯 | 射树灯 | LED 灯带 |

图 3-44　项目采用的照明器具

相关阅读

除了光污染，"日照"也是评价室外光环境的重要因子。日照条件是居住区规划设计规范中的强制满足条件，在《标准》2019 中也是一样，属于控制项：

8.1.1 建筑规划布局应满足日照标准，且不得降低周边建筑的日照标准。

"太阳辅助设计"

居住建筑的日照标准是居住区规划设计标准的一个重要条款。当前主流的住宅小区呈现出的规划形态受日照影响非常大，其影响权重与容积率等规划指标的影响相当。面对市场的激烈竞争，主流的住宅项目朝向（南向）、布局方式（行列式）基本没有很大的变化空间，日照成为辅助设计的重要因素，有时往往成为决定性要素。中高层建筑，增加建筑之间的距离获得日照的方位角；中低层建筑，降低建筑的高度获得日照的高度角。

自 20 世纪 80 年代，计算机技术开始介入日照分析。1985 年，日本东京建筑设计监理会调查了 7 家代表性公司推出的日照计算软件，说明日照软件的两方面用途：一是为了政府对建筑项目的报批；二是为了向居民可视化解释日照权[47]。目前，日照计算软件已经成为重要的设计辅助。国内常用的计算日照条件的软件有众智、天正、PKPM SUNLIGHT 等。图 3-45 所示为众智日照软件所计算的建

筑棒影图，高度为 100m 的建筑，其阴影影响距离最远时可达到 1.2km 左右。

图 3-45　日照棒影图（哈尔滨地区大寒日 8：00 ～ 16：00）

此外，相邻地块的既有居住建筑也需要考虑。例如，位于老城区的城市更新项目，用地周边既有建筑多，规划设计不仅要考虑自身用地的容积率平衡和日照条件，也要顾及邻居地块的日照权。规划设计时的建筑退让，建筑造型的退台设计，往往不是设计内在条件的推动，而是来自于相邻地块的一扇窗户。

2　室外风环境（条文 8.2.8）

风是空气的流动。风环境是城市生态环境的重要组成部分之一，与其他环境要素（如热环境、污染物等）有密切的耦合关系，其对于城市户外空间微气候的塑造非常重要，直接影响城市户外空间的诸多指标[48]。绿色规划和设计对室外通风应当采取"充分利用"和"有效防控"的双重策略：充分利用自然通风，并且将室外风环境控制在使行人舒适的

范围之内。一方面，自然通风是一种被动式设计手段，良好的室外风环境应避免无风区，以营造舒适的室外热环境，同时可以保证建筑立面的风压，使室内空间具有良好的自然通风；另一方面，室外风影响人们开展室外活动的舒适度，风速不宜过大，尤其在寒冷季节。

A 评价

8.2.8 场地内风环境有利于室外行走、活动舒适和建筑的自然通风，评价总分值为 10 分，并按下列规则分别评分并累计：

1 在冬季典型风速和风向条件下，按下列规则分别评分并累计：

1）建筑物周围人行区距地高 1.5m 处风速小于 5m/s，户外休息区、儿童娱乐区风速小于 2m/s，且室外风速放大系数小于 2，得 3 分；

2）除第 1 排建筑外，建筑迎风面与背风面表面风压差不大于 5Pa，得 2 分。

2 过渡季、夏季典型风速和风向条件下，按下列规则分别评分并累计：

1）场地内人活动区不出现涡旋或无风区，得 3 分；

2）50% 以上可开启外窗室内外表面的风压差大于 0.5Pa，得 2 分。

B 策略

《标准》2019 对室外风环境的评价从冬季和过渡季、夏季两种类型的工况分别评价。两种工况累计赋分，需要同时满足要求，见图 3-46。

合理的建筑规划应保证室外环境的通风环境，不能形成无风区；寒冷季节在人通行和停留的场所，风速不能过大，影响人们的户外活动，并且可以与景观设计配合，进一步降低行人高度的风速。

现场测试、风洞实验和数值计算的方法可以用来评价室外风环境。现场测试能准确收集一手资料，但只能应用于建成环境的后评估，并且较难进行长期的数据观测；风洞实验是一种物理模拟，模型制作成本高、周期长；数值计算的方法即计算机模拟，利用计算流体力学理论（CFD）进行模拟分析，具有简便、准确、成本低的特点。

1 风向、风速、风频和风压

对风环境的认知，最直观的指标有风向、风速、风频，以及气象预报时常用的蒲福风级（Beaufort Scale）、台风等级等，常用的工具有风玫瑰图。

风玫瑰图用来表示风向、风频和风速的统计情况。图 3-47 中从外部吹向圆心的方向

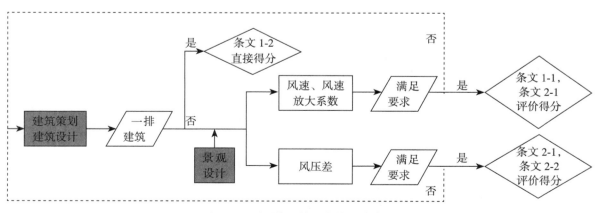

图 3-46 风环境评价导向的设计流程

表示风向①，方向上线段的长度表示该风向出现的频率，线段越长，频率越高。以常用的风向玫瑰图为例，图 3-47 中左图所示：①全年 N～NE 风为主要盛行风向，其中 NNE 风频率最高；②次盛行风为 S～SW 风，其中 SSW 风频率最高；③全年 WNW 风频率最小。这样，该地区存在两个完全相反的主导风向，NNE 风和 SSW 风，并且 NNE 风比 SSW 风向更明显。此外，利用计算机软件可以生成全面的区域风环境信息，生成多种可视化的图表，见图 3-48（详见第 5 章的气候的可视化）。

城市规划应考虑当地的风环境，在有盛行主导风的城市，应将可能带来城市污染的功能布置在主导风向的下风向，减少污染；在建筑设计层面，因地制宜，结合风环境进行建筑设计，是被动式设计的一种重要手段。

印度建筑师查尔斯·柯里亚（Charles Correa）是一位地域主义建筑师，也是一位尊重地域气候、利用当地气候进行设计的大师，他提出"形式追随气候"（Form follows climate）的口号。其代表作之一干城章嘉公寓综合考虑了日照、通风等气候要素，以及因地域气候而形成的居住文化。公寓平面尺寸 21m×21m，楼高 85m，位于印度孟买，当地最好的朝向是朝西，因为西边有来自阿拉伯海的凉风——西风是当地的主导风向，所以，公寓主朝向为西向。不利因素在于当地的烈日和湿热环境，为了解决这一不利因素，公寓户型平面东西贯通，以保证穿堂风，此外，柯里亚在建筑的四角为每一户都设计了一个二层通高的大阳台，这些朝东、朝西的花园阳台增大建筑立面的风压差，增强通风效率，同时，他们成为住户们的主要生活空间，这

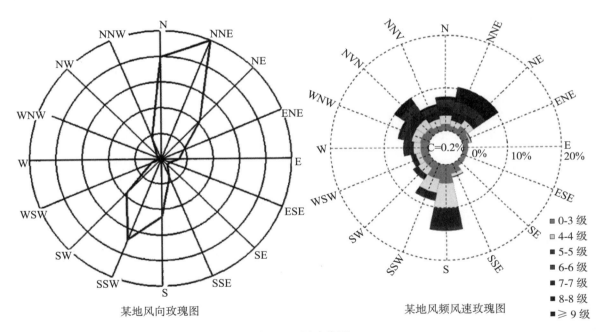

某地风向玫瑰图　　　　某地风频风速玫瑰图

图 3-47　风玫瑰图

① 风向分 16 个方位，每隔 22.5°确定一个风向，以北向为起始点，分别为北（N）、东北偏北（NNE）、东北（NE）、东北偏东（ENE）、东（E）、东南偏东（ESE）、东南（SE）、东南偏南（SSE）、南（S）、西南偏南（SSW）、西南（SW）、西南偏西（WSW）、西（W）、西北偏西（WNW）、西北（NW）和西北偏北（NNW）。

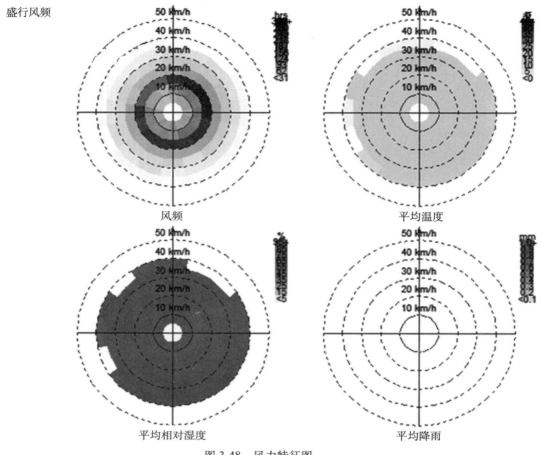

盛行风频

风频 平均温度

平均相对湿度 平均降雨

图 3-48 风力特征图

种方式很适应当地居民长期以来形成的生活习惯：在一年中的一定季节、在一天中的一定时辰，把阳台当作起居室和卧室[49]，见图 3-49。

干城章嘉公寓是充分利用当地风环境开展建筑设计的典范，"通风"在建筑的形式生成过程中占据了重要作用：主导风向决定了主要朝向，穿堂风影响了平面布局，作为重要的形式要素，建筑角部的大露台弱化了室外风环境因为高层建筑会产生的边角效应，同时又加强了室内通风所需的风压。

室内自然通风的产生原理分风压和热压两种，热压通风在一些高大厂房能发挥较大作用，在一般公共建筑、住宅建筑中，自然通风的动力主要来自于建筑物围护结构外表面的压力差。《标准》2019 中的迎风面与背风面风压差是指两个面的平均风压差。

$$\Delta P = P_m - P_n$$

式中，P_m——建筑物迎风面的平均风压值，Pa；

P_n——建筑物背风面的平均风压值，Pa。

空气气流与建筑物相遇，发生绕流，经过一段距离才恢复平行流动。由于建筑物阻挡，其四周的气流压力分布发生变化：迎风面气流受阻，动压降低，静压增高；侧面和背风面由于产生局部涡流，静压降低。与未受干扰的气流相比，这种静压的升高或降低称为风压。静压升高，风压为正，称为正压；静压下降，风压为负，称为负压[50]。

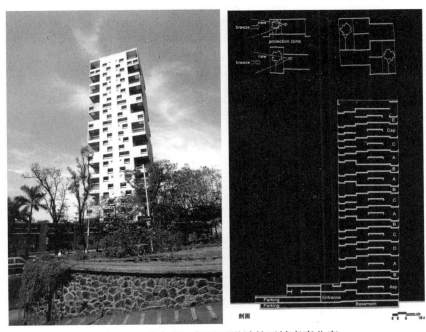

图 3-49　查尔斯·柯里亚设计的干城章嘉公寓

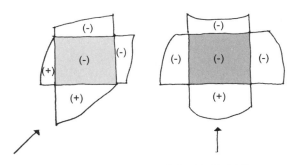

图 3-50　建筑物立面上的风压分布图

《标准》2019 中涉及两个风压差，一个是建筑外表面迎风面和背风面的压力差，不得大于 5Pa，目的在于减少寒冷季节室外向室内的冷风渗透；另一个是窗户的内外表面风压差，大于 0.5Pa，目的在于促进温和季节室内的自然通风。

2 风环境的舒适度

建筑物作为非自然景观对室外风场有干扰影响，风环境的"有效防控"体现在建筑布局、建筑设计过程中，避免或弱化可能会出现的"狭管效应""风漏斗效应""边角强风""迎风面漩涡"等[51]，降低建筑对风环境产生的负面影响。世界上已经有很多城市要求在建筑建造前进行风环境的评价，例如，美国旧金山在规划法规中规定公共休闲区的风速应不大于 5m/s[52]，日本东京颁布的气候相关控制规范规定开发商必须对规模超过 10 万 m²，以及高度超过 100m 的开发项目进行行人高度[①] 的风环境评估[53]。就评价标准而言，目前国内外尚无统一的标准，常用的风环境的舒适度评估标准有相对舒适度评估、风速概率统计评估和风速放大系数评估等[54]。

相对舒适度评估以人的舒适性需求为出发点，通过对行人高度上人的舒适度感觉进行分级，并打分评价。20 世纪 70 年代，研究人员根据自己的研究并参考蒲福（Beaufort）风力等级表，综合风环境引起的人体不舒适程度以及不舒适发生的次数进行分级，形成舒适度评估标准，参照表 3-27 和表 3-28[52]。该方法主要基于人的主观评估，具有较强的不确定性。

---

① 绿色建筑关注行人高度的风环境，通常取距离地面 1.5m 高为标准高度，可以理解为三维风环境在这一高度的二维切面。此外，结构专业还会关注高层建筑距离地面几十米、几百米高处的风速[48]。

行人高度风环境舒适度指标 表3-27

活动类型	活动区域	相对舒适度蒲福指标			
		舒适	可以忍受	不舒适	危险
快步行走	人行道	5	6	7	8
散步、溜冰	溜冰场	4	5	6	8
短时间站或坐	停车场、广场	3	4	5	8
长时间站或坐	室外	2	3	4	8
可以接受的发生次数			＜1次/周	＜1次/月	＜1次/年

（注：历时 1.7～2.5h 左右的一场风，可认为发生一次）

行人高度的 Beaufort 指数① 表3-28

Beaufort 指数	气象描述	行人高度的风速		Beaufort 指数的定义描述
		平均风速（m/s）	风速范围（m/s）	
2	微风	1.79	0.81～2.68	面部可以感觉到风，树叶沙沙作响
3	和风	3.58	2.68～4.47	树叶小树枝不停的摇动，小旗飘动
4	弱风	5.56	4.47～6.71	地面灰尘纸张扬起，小树枝被吹动
5	清风	7.60	6.71～8.91	带叶子的小树开始摇晃
6	强风	9.88	8.91～11.18	大树枝被吹动，打伞困难
7	弱飓风	12.52	11.18～13.86	整棵树摇晃，逆风行走困难
8	飓风	15.20	13.86～17.00	小树枝被吹断，一般应停止户外活动

风速概率统计评估法主要是通过研究行人高度处风速与人体舒适度之间的关系进行风环境的评价。1978 年，埃米尔·希缪和罗伯特·斯坎伦构建了风速与舒适度之间的直接关系，他们同样选择了 5m/s 作为重要指标（表 3-29）：若平均风速 $v > 5$m/s 的出现频率小于 10%，行人不会有抱怨；频率在 10%～20% 之间，抱怨将增多；频率大于 20% 时，应当采取补救措施降低风速[55]。风速概率统计评估法对客观条件——风速进行直接分级，因此，它比相对舒适度评估法具有更广的实用性。

行人高度风速与行人的舒适度的关系[55] 表3-29

风速 v（m/s）	人的感觉
$v \leqslant 5$	舒适
$5 < v \leqslant 10$	不舒适，行动受影响
$10 < v \leqslant 15$	很不舒适，行动严重受影响
$15 < v \leqslant 20$	不能忍受
$v > 20$	危险

① 常用的蒲福风级指地面以上 10m 高度处的风速，行人高度的风速需要经过换算，这里是一种换算结果。

风速放大系数在一些文献中也称之为风速比，它反映城市、建筑物对风场的干扰影响。由于这种影响的存在，直接测算所得的风场中某一点的风速被认为意义不大[54]。风速放大系数是指风场中某一点行人高度处的平均风速与相同高度未受影响的平均风速的比值。

$$\gamma = v_i / v_0$$

式中，γ——风速放大系数；

v_i——风场中 i 点位置行人高度的平均风速（m/s）；

v_0——风场中未受影响的行人高度的平均风速，实验过程中，常取初始风速或边界风速（m/s）。

风速放大系数反映了风速因建筑物的存在而变化的程度。文献[56]中，鲁汶大学和埃因霍温大学的研究人员对多种建筑布局做了风洞实验，研究不同工况下室外风环境的情况（图 3-51，图 3-52）。图 3-51 中，建筑尺寸长 160m，进深 10m，高 25m，在中间位置开

10m×10m 的洞口。左图，风向垂直于建筑，右图风向成 45°夹角。实验表明，右图存在明显的漩涡区，而且右图工况下的风速放大系数较大，达到 1.4～1.6 左右。图 3-52 中，长 80m，进深 10m，高 50m 的 3 栋高层建筑错动排列，这种工况下，行人高度的风速放大系数超过 2.0。

与相对舒适度评价和风速概率统计相比，风速放大系数更直接地反映区域内的风场情况，在应用中，可以与风玫瑰对照使用。实验中发现某一风向在区域内行人高度处的风速放大系数较大，这一风向与风玫瑰对应的

较大频率风向时，那么可以认为该区域的风环境较差[54]。

C 案例

风环境的评价需要模拟三种不同的工况：冬季工况、夏季工况和过渡季工况。以某公共项目为例，风环境计算采用 CFD 模拟的方法，使用的软件是绿建斯维尔建筑通风计算软件 Vent 2016。

图 3-53～图 3-56 表明项目 B 冬季工况下：①室外人行区域，风速大于 5m/s 的面积占比为零，满足标准要求；②室外人行区域，风速放大系数大于 2 的面积占比为零，满足标准要求；

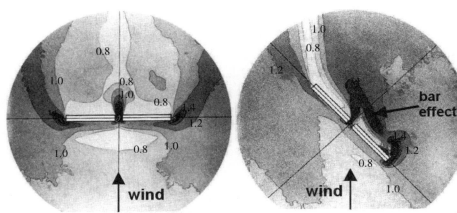

H：楼高，L：楼长，B：进深，h：洞口高，b：洞长宽，φ：风的入射角

H：楼高，L：楼长，B：进深，h：洞口高，b：洞长宽，φ：风的入射角

图 3-51　板式高层中间开洞风场图

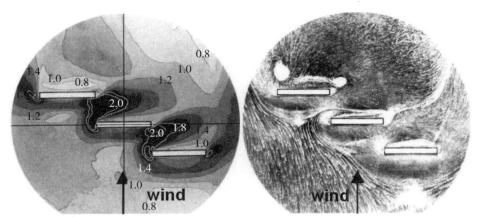

楼高 =50m，楼长 =80m，进深 =10m，间距 =40m
风的入射角 =0°- 建筑之间错动 80m

楼高 =50m，楼长 =80m，进深 =10m，间距 =40m
风的入射角 =0°- 建筑之间错动 80m

图 3-52　板式高层错动排列风场图

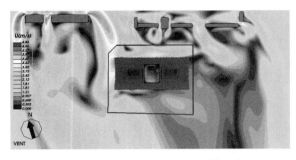

图 3-53　1.5m 高度风速云图（冬季）

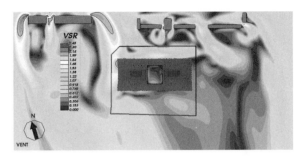

图 3-54　1.5m 高度风速放大系数云图（冬季）

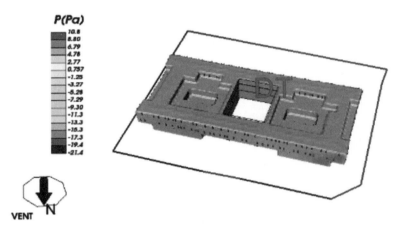

图 3-55　建筑迎风面风压云图（冬季）

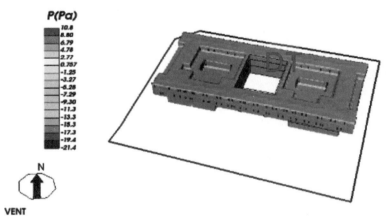

图 3-56　建筑背风面风压云图（冬季）

图 3-57 和图 3-58 表明项目 B 夏季工况下：①室外人行区域，无风区面积达到 11.9%，不满足标准要求；② 92%（> 50%）的可开启外窗的室内外风压差大于 0.5Pa，满足标准要求。

图 3-59 和图 3-60 表明该项目过渡季工况下：①室外人行区域，无风区面积达到 12.2%，不满足标准要求；② 88%（> 50%）的可开启外窗的室内外风压差大于 0.5Pa，满足标准要求。

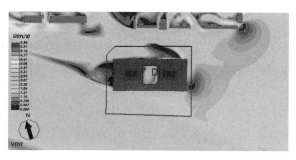

图 3-57　1.5m 高处风速云图（夏季）

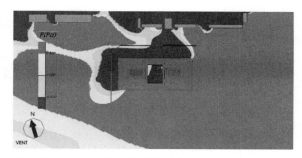

图 3-58　1.5m 高处风压云图（内外表面压差，夏季）

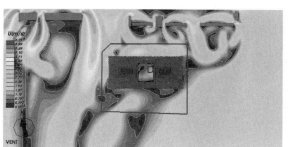

图 3-59　1.5m 高处风速云图（过渡季）

图 3-60　1.5m 高处风压云图（内外表面压差，过渡季）

相关阅读

　　文献[56]记录了研究人员对实际项目风环境的测试，及根据结果提供的风环境提升咨询，采用的方法是 CFD 模拟，如图 3-61 和图 3-62 所示。项目安特卫普市的一处即将改造的建成环境，3 栋点式住宅塔楼高 60m 建于 1960 年代，由于区域的衰败，改造方案的重点在于能够对该区域形成社会监督，因此，获胜方案设计了贯穿 3 栋楼的通廊，将建筑入口连通，并且视线能够贯通。经过 CFD 模拟，建筑入口处的风环境很差，如图 3-61 所示，当风向与建筑朝向呈 30° 夹角时，风速放大系数达到 3.0 左右。因此，研究人员为改造方案提供了一系列的风环境优化措施，如将通廊封闭，增加门等，在社会需求与物理需求的权衡下，最终采用了一种通过"风控"的自动门禁系统。

　　我国住区规模大，并且高层住宅类型居多，室外风环境的情况很不乐观。浙江大学研究人员使用 CFD 模拟，对位于杭州的某小区风环境进行分析，并提出优化方案。住区整体呈三角形，东西长约 570m，南北进深最大 250m 左右。共有高层住宅 23 栋，以行列式布局为主。

　　计算结果表明住区的室外风环境很不理想。例如，冬季工况下，北侧楼栋迎风面和背风面的前后风压差都超过 5Pa，不利于冬季防风，并且，楼与楼的山墙之间狭管效应严重，人行高度的舒适度差。由于用地北侧住宅楼直面冬季主导风向，直接受到冷风侵袭。夏季工况下，室外空间存在大面积的低风速区域，较多建筑的迎风面和背风面压差小于 1.5Pa，自然通风不畅。

　　研究人员提出了多种策略以缓解这些问题。①北侧点式高层合并，成为板式，以获得更大的山墙间距，缓解狭管效应；②小区北侧增加密植的景观绿植，以适当阻挡冬季的寒风；③将前排建筑的底层架空，以增强夏季的自然通风。两种布局方案见图 3-63 和图 3-64。

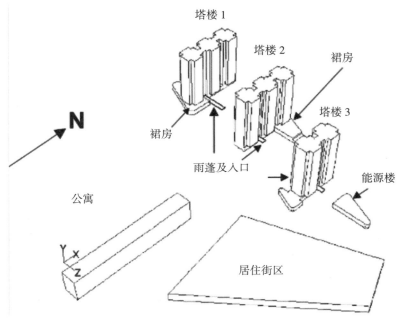

图 3-61　改造方案

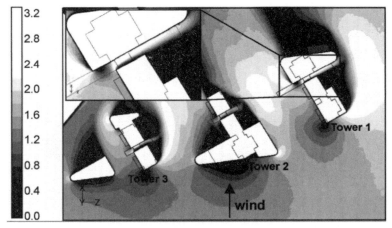

图 3-62　改造方案的风场图

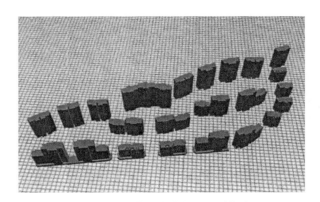

图 3-63　原布局方案的 CFD 模型

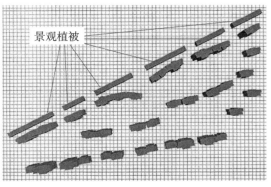

图 3-64　优化方案的 CFD 模型

3 室外热环境（条文 8.2.9）

城市化对气候最重要的影响之一就是城市热岛效应的出现。早在 19 世纪，英国人霍华德（Howard）就发现伦敦市中心的温度比郊区高，城市热岛效应的概念最早由曼利（Manley）于 1958 年提出。城市热岛效应（Urban Heat Island, UHI）是指城市发展到一定规模，城市下垫面性质的改变，大气污染和人工废热的排放使城市气温明显高于郊区，形成类似高温孤岛的现象 [57]。一方面，快速的城市化迅速改变生态系统的原有地貌，城市景观是由建筑物以及被建筑物分割的水体和绿色植被的组合，城市的下垫面通常由混凝土、沥青等构成，相比较水、土和植被构成的自然表面，这些人造表面的反射率低，热容性大，并且缺少蒸发和蒸腾作用，因此，太阳辐射中的能量更容易被转化为热量并储存在空气中。另一方面，城市中各种工业、商业活动产生的人为热量，也使城市的气温比周围的环境气温高，此外，大气污染，气候变化等也常被认为是热岛效应形成的原因 [58]。

A 评价

8.2.9 采取措施降低热岛强度，评价总分值为 10 分，按下列规则分别评分并累计：

1 场地中处于建筑阴影区外的步道、游憩场、庭院、广场等室外活动场地设有乔木、花架等遮阴措施的面积比例，住宅建筑达到 30%，公共建筑达到 10%，得 2 分；住宅建筑达到 50%，公共建筑达到 20%，得 3 分；

2 场地中处于建筑阴影区外的机动车道，路面太阳辐射反射系数不小于 0.4 或设有遮阴面积较大的行道树的路段长度超过 70%，得 3 分；

3 屋顶的绿化面积、太阳能板水平投影面积以及太阳辐射反射系数不小于 0.4 的屋面面积合计达到 75%，得 4 分。

B 策略

在居住区层面，增加绿地、水体是缓解热岛效应，实现良好的小区热环境最重要的方式。绿地、水体具有冷岛效应（Park Cool Island Effect）[59]，太阳辐射达到树冠时，35% 的热量被吸收，20% ～ 50% 的热量被反射到天空，加上树木的蒸腾作用，因此，绿地的气温能比非绿地低 4.8℃ [60]。同时，绿植能大量吸收空气中的 CO_2，削减温室效应，进一步抑制温度上升 [61]。

《标准》2019 对热岛效应的控制策略是降低硬质铺地的负面影响，主要体现在三个层面，一是减少硬质铺地的面积，其次是对硬质铺地遮荫，第三是提高硬质铺地的反射率。具体在条文 8.2.9 中分别对活动场地、道路和屋面形成三个指标。

（1）遮阴

8.2.9 的指标 1 中有绿植遮阴和构筑物遮阴两种方式，前者指乔木遮荫，其面积按照成年乔木的树冠正投影面积计算，后者则是指景观设计中的花架、凉亭、太阳能板等。由于该指标的评价点在于项目为降低热岛效应采取的措施，因此计算遮荫面积时，本就具有的遮阴面积需要扣除，即建筑阴影区内的部分应该减去，户外活动场地遮荫面积＝乔木遮荫面积＋构筑物遮荫面积－建筑阴影区内的乔木和构筑物遮荫面积 [36]。

无论是公共建筑还是居住建筑，在位于地面层的室外活动场地、道路、停车场等处，以及屋面层，都应当尽可能多地覆盖绿化植被。因此，热环境相关的评价与景观系统相关条文 8.2.1，8.2.3，8.2.4 密切相关，同时，与水系统的雨水收集相关条文 8.2.2，8.2.5 也密切相关，并且和附件条文中的绿容率也有关联。

（2）太阳辐射反射系数

指标 2 和指标 3 中涉及的另一种热岛效应控制策略是提高表面对太阳辐射的反射，用于地表和屋面，以反射太阳辐射，减少场地、建筑物对太阳辐射的吸收。

太阳的能量主要集中于可见光和红外光

区，太阳辐射反射系数（Solar Reflectance, SR）表达构造表面反射太阳能的比例，是指在可见光和近红外波段反射的与入射的太阳辐射能通量的比值。太阳辐射反射系数的范围是 0 ～ 1，纯黑色的反射系数为 0，纯白色的为 1。对于不透明的表面，太阳辐射反射系数 =1- 太阳光辐射吸收系数，《民用建筑热工设计规范》GB 50176 对材料的太阳辐射吸收系数有统计，见表 3-30。

表 3-30 中数据可见，大多数普通建筑材料的辐射吸收系数大于 0.6，意味着，其建筑材料大多反射系数低，小于 0.4。白色和浅色的材料太阳辐射吸收系数低，所以，采用浅色饰面的建筑外墙面和屋面能够反射较多的太阳辐射能量，有效防止夏季过热，降低热岛效应。

（3）反射隔热涂料

反射隔热涂料通过反射夏季的太阳热辐射，降低材料的表面温度，同时能够减少墙体在建筑结构中的传热。在夏季太阳辐射下，反射隔热涂料的表面温度可以比普通涂料的表面温度低 19℃ [63]。

反射隔热涂料的太阳反射系数可以达到 70% ～ 80% 左右，远远高于常规的建筑材料。它对太阳光的全波段，至少是可见光和红外光波段具有高反射率，将材料表面吸收的太阳辐射转化为一定波长范围内的红外光，辐射至大气外层空间。反射隔热涂料最初是为满足军事和航天需求而发展起来，通过改变自身的热辐射特征或使自身的综合热散射特征和周围背景相适应，该涂料可以降低和削弱敌方红外探测设备的效能 [64]。就颜色而言，白色或浅色的反射隔热涂料效率高，并且容易研发，但建筑市场需要丰富多彩的颜色，而且，深色涂料对军用也是必不可少的。研究人员已经研究出深色的反射隔热涂料，例如，通过颜色混配产生的深色也能够具有非常高的反射率。

C 案例

某项目建筑阴影区是夏至日 8：00 ～ 16：00 时段在 4 小时日照等时线内的区域，如图 3-65 和图 3-66 所示，日照计算软件得出的 4 h 等时线区域，经过计算，阴影区面积 2150.65m²。

绿化遮阴，主要指乔木遮阴，面积按照成年乔木的树冠正投影面积计算。该项目位于建筑阴影区外的乔木遮阴面积统计见表 3-31。

该项目用地面积 135597.46m²，建筑投影面积 9561.05m²，阴影区外的道路面积 3850.24m²，因此，用作计算的室外活动场地面积为 121135.52m²。可以计算出，该项目的遮阴面积比例为 53.7%，超过 50%。

常用材料表面太阳辐射吸收系数值[62]　　　　　　表 3-30

面层类型	表面性质	表面颜色	太阳辐射吸收系数
石灰粉刷墙面	光滑、新	白色	0.48
抛光铝反射片	—	浅色	0.12
水泥拉毛墙	粗糙、旧	米黄色	0.65
红砖墙	旧	红色	0.70 ～ 0.78
混凝土墙	平滑	深灰	0.73
红涂料、油漆	光平	大红	0.74
浅色油毡屋面	不光滑、新	浅黑色	0.72
黑色油毡屋面	不光滑、新	深黑色	0.86
水（开阔水面）	—	—	0.96

图 3-65　日照分析图

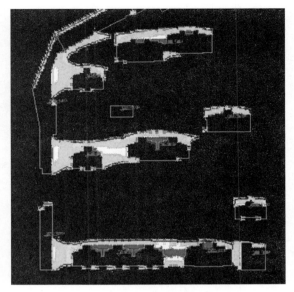

图 3-66　4h 日照等时线内的区域

乔木遮阴面积统计　　　　　　　　　　　　　　　　　　表 3-31

序号	苗木名称	灌幅规格（cm）	单株遮阴面积（m²）	数量（株）	总遮阴面积（m²）
1	多头香樟	600 ～ 650	28.26	2	56.52
2	香樟 A	600 ～ 650	28.26	1	28.26
…	…	…	…	…	…
46	白玉兰	300 ～ 350	7.07	5	35.33
47	紫玉兰	250 ～ 300	4.91	20	98.13
乔木总遮阴面积					6508.37

相关阅读

城市中心区与郊区的温度差可以作为热岛强度的度量指标[65]。热岛效应与城市化的关系呈现很强的时间和空间层面的关联性。以上海为例，根据观测，1961-1970 年间，上海城郊的热岛强度升温速率为 0.09℃ /10 年；1971-1980 年，升温速率增至 0.12℃ /10 年；1981-1990 年，降至 0.09℃ /10 年；1991-2000 年间，升温速率上升，达到 0.22℃ /10 年；2001-2006 年间，升温速率约为 0.17℃ /5 年。1991-2006 年是上海工业化与城市化发展最迅速的时期，也是热岛强度增长最快的时期[65]。图 3-67 显示了上海地区（1997-1998 年）夏季最高气温分布情况，左图可以看出，城市热岛效应造成的高温区呈圈层结构，高温强度向市中心逐渐增强，36.0℃等温线围合而成的炎热区，与城市内环线的中心城区大致吻合；右图表示上海市区，可以看出，炎热区内还有 3 个热中心，由 36.5℃的等温线围合而成，分别是北侧的杨浦区的炼钢厂，闸北区的纺织厂，南侧的徐汇、卢湾区，对应全市人口、商业密度最大的区域，其中豫园地区的温度达到 37.1℃。此外，右图中还可以看到两处城市气温的洼地，分别是黄浦江与苏州河交汇处，大量水体的黄浦公园一带和大面积绿化的中山公园一带[66]。

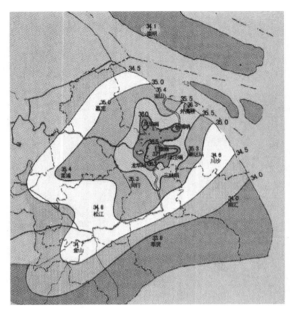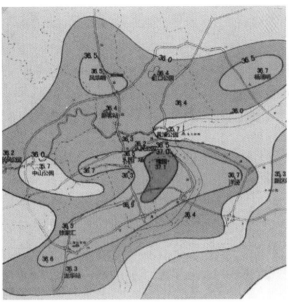

图 3-67　1997-1998 年 7-8 月上海最高气温合成图（30 天平均）[66]

（左：上海地区；右：上海市区）

参 考 文 献

[1] 闫英俊，刘东卫，薛磊 . SI 住宅的技术集成及其内装工业化工法研发与应用 [J]. 建筑学报，2012（04）：55-59.

[2] 周静敏，苗青，刘东卫 . 内装工业化体系的居民接受度及改造灵活性研究——以雅世合金公寓为例 [J]. 建筑学报，2019（02）：12-17.

[3] 刘东卫 . 雅世·合金公寓 [J]. 中国住宅设施，2013（Z2）：38-47.

[4] 川崎直宏，金艺丽 . 建筑长寿化发展方向的日本公共住宅建设体系 [J]. 建筑学报，2020（05）：24-27.

[5] 中华人民共和国住房和城乡建设部 . 民用建筑隔声设计规范 GB 50118—2010[S]. 北京：中国建筑工业出版社，2010.

[6] 戴靓华，周典，张冬冬 . 对《绿色建筑评价标准》有关声学问题的研究 [J]. 建筑学报，2017（03）：110-113.

[7] 陶驷骥 . 建筑隔声新技术 [J]. 建筑学报，2004（08）：74-75.

[8] 马素贞 . 绿色建筑技术实施指南 [M]. 第 1 版 . 北京：中国建筑工业出版社，2016.

[9] 龚农斌，陈士杰，王吉荣 . 窗隔声性能的试验研究 [J]. 噪声与振动控制，1999（01）：27-29.

[10] 郭万江，张松，杜国峰，等 . 新型墙体材料空气声隔声性能检测与分析 [J]. 天津城建大学学报，2014，20（01）：41-43+63.

[11] 燕翔 . 住宅设计中应高度重视楼板隔声问题 [J]. 建筑学报，2008（11）：50-51.

[12] 罗进，王滋军，欧阳能 . 居住建筑中分户楼板保温隔声技术及应用 [J]. 城市住宅，2017，24（08）：97-102+119.

[13] 康玉成 . 建筑隔声设计：空气声隔声技术 [M]. 北京：中国建筑工业出版社，2004.

[14] 羊烨，王长山 . 被动式超低能耗建筑室内声环境控制标准探讨 [J]. 建筑科学，2021，37（6）：186-191.

[15] 俞科，蒋红波 . 浅谈住宅卫生间同层排水设计 [J]. 给水排水，2004（09）：74-76.

[16] 邹义珍 . 简析同层排水和隔层排水 [J]. 中国高新技术企业，2009（10）：162-163.

[17] 中华人民共和国住房和城乡建设部 . 建筑给水排水设计标准 GB50015—2019[S]. 北京：中国建筑工业出版社，2019.

[18] 姜文源 . 隐蔽式安装系统同层排水技术简介 [J]. 给水排水，2004（09）：77-78.

[19] 吴蔚，刘坤鹏 . 浅析可取代采光系数的新天然采光评价参数 [J]. 照明工程学报，2012，23（02）：1-7+24.

[20] 中华人民共和国住房和城乡建设部 . 建筑采光设计标准 GB 50033—2013[S]. 北京：中国建筑工业

出版社，2012.

[21] 暴伟，宗复芃，赵建平，等．地下空间采光及导光系统的现状及应用展望 [J]. 照明工程学报，2009，20（01）：64-68.

[22] 王爱英，时刚．天然采光技术新进展 [J]. 建筑学报，2003（03）：64-66.

[23] 赵晓颖．南京地区住宅自然通风设计研究 [D]. 东南大学，2005.

[24] GUT P，ACKERKNECHT D. Climate responsive building[M]. St. Gallen：SKAT，1993.

[25] GIVONI B. 人·气候·建筑 [M]. 北京：中国建筑工业出版社，1982.

[26] BUTCHER K，CRAIG B. Environmental design：CIBSE guide A / editors：Ken Butcher, Bonnie Craig[M]. Eighth edition. London：Chartered Institution of Building Services Engineers, Marh 2015.

[27] 大卫·劳埃德·琼斯．建筑与环境：生态气候学建筑设计 [M]. 第 1 版．北京：中国建筑工业出版社，2005.

[28] 赵恒博．世界顶级建筑大师：查尔斯·柯里亚 [M]. 北京：中国建筑工业出版社，2006.

[29] Andrea Deplazes. Architektur konstruieren：Vom Rohmaterial zum Bauwerk：Ein Handbuch[M]. Basel：Birkhäuser，2013.

[30] 吴剑春，张明发，杨荣平，等．实用隔声通风窗在世博最佳实践区中的应用 [J]. 噪声与振动控制，2011，31（02）：68-70+79.

[31] 中华人民共和国住房和城乡建设部．无障碍设计规范 [M]. 北京：中国建筑工业出版社，2012.

[32] 中华人民共和国住房和城乡建设部．住宅设计规范 GB50096[S]. 北京：中国建筑工业出版社，2011.

[33] 马广明．德国 Aluplast 门窗系统关键技术解析 [J]. 建设科技，2019（19）：50-57.

[34] 王建龙，车伍．低影响开发与绿色建筑 [J]. 中国给水排水，2011，27（20）：17-20.

[35] 张伟，车伍，王建龙，等．利用绿色基础设施控制城市雨水径流 [J]. 中国给水排水，2011，27（04）：22-27.

[36] 王清勤，韩继红，曾捷．绿色建筑评价标准技术细则 2019[M]. 北京：中国建筑工业出版社，2020.

[37] 羊烨，李振宇，郑振华．绿色建筑评价体系中的"共享使用"指标 [J]. 同济大学学报（自然科学版），2020，48（06）：779-787.

[38] 王亚军．光污染及其防治 [J]. 安全与环境学报，2004（01）：56-58.

[39] 国际动态 [J]. 西部人居环境学刊，2013（05）：119.

[40] 国家质量监督检验检疫总局，国家标准化管理委员会．玻璃幕墙光热性能 [S]. 北京：中国标准出版社，2015.

[41] 张式军．光污染———一种新型的环境污染 [J]. 城市问题，2004（06）：31-34+42.

[42] 李振福．城市光污染研究 [J]. 工业安全与环保，2002（10）：23-25.

[43] 张渝文，李鑫．城市夜景照明光污染对植物生长的影响 [J]. 灯与照明，2008（01）：27-29+39.

[44] 刘博，马剑，刘刚，等．颐和园夜间照明对雨燕影响的试验研究 [J]. 照明工程学报，2009，20（02）：1-5.

[45] 刘鸣，袁杰，王丹，等．建筑室外照明溢散光污染的防治与设计策略研究 [J]. 建筑学报，2010(S2)：126-128.

[46] 李志国，沈天行．天向逸散型光污染的现状与控制 [J]. 照明工程学报，2005（01）：15-19+27.

[47] 黄汉文．计算机辅助日照环境分析及图形显示 [J]. 计算机辅助设计与图形学学报，1998（04）：34-40.

[48] 石邢，李艳霞．面向城市设计的行人高度城市风环境评价准则与方法 [J]. 西部人居环境学刊，2015（5）：22-27.

[49] 柯里亚，玉简峰．孟买干城章嘉公寓，印度 [J]. 世界建筑，1985（01）：66-67+84.

[50] 朱颖心 主编．建筑环境学（第三版）[M]. 北京：中国建筑工业出版社，2014.

[51] 谢振宇，杨讷．改善室外风环境的高层建筑形态优化设计策略 [J]. 建筑学报，2013（02）：76-81.

[52] 杨俊宴，张涛，谭瑛．城市风环境研究的技术演进及其评价体系整合 [J]. 南方建筑，2014（03）：31-38.

[53] 曾忠忠，侣颖鑫．基于三种空间尺度的城市风环境研究 [J]. 城市发展研究，2017，24（04）：35-42.

[54] 李云平．寒地高层住区风环境模拟分析及设计策略研究 [D]. 哈尔滨工业大学，2007.

[55] 埃米尔·希缪，罗伯特·斯坎伦．风对结构的作用：风工程导论 [M]. 上海：同济大学出版社，1992.

[56] BLOCKEN B，CARMELIET J. Pedestrian Wind Environment around Buildings：Literature Review and Practical Examples[J]. Journal of Thermal Envelope and Building Science, 2004, 28（2）：107-159. DOI：

10.1177/1097196304044396.

[57] 彭少麟，周凯，叶有华，等 . 城市热岛效应研究进展 [J]. 生态环境，2005（04）：574-579.

[58] 寿亦萱，张大林 . 城市热岛效应的研究进展与展望 [J]. 气象学报，2012，70（03）：338-353.

[59] 肖荣波，欧阳志云，李伟峰，等 . 城市热岛的生态环境效应 [J]. 生态学报，2005（08）：2055-2060.

[60] 符气浩，杨小波，吴庆书 . 城市绿化植物分析 [J]. 林业科学，1996（01）：35-43.

[61] 洪蕾洁，彭慧，杨学军 . 缓解热岛效应的居住区环境绿化探讨 [J]. 住宅科技，2010，30（03）：10-13.

[62] 中华人民共和国住房和城乡建设部 . 民用建筑热工设计规范 GB 50176—2016[S]. 北京：中国建筑工业出版社，2016.

[63] 徐峰 . 反射型建筑保温隔热涂料的应用与发展 [J]. 现代涂料与涂装，2007（01）：20-24.

[64] 徐永祥，李运德，师华，等 . 太阳热反射隔热涂料研究进展 [J]. 涂料工业，2010，40（01）：70-74.

[65] 彭保发，石忆邵，王贺封，等 . 城市热岛效应的影响机理及其作用规律——以上海市为例 [J]. 地理学报，2013，68（11）：1461-1471.

[66] 丁金才，张志凯，奚红，等 . 上海地区盛夏高温分布和热岛效应的初步研究 [J]. 大气科学，2002（03）：412-420+434.

第四章　技术手段（Measures）

技术手段主要指各种主动式技术，他们在一定程度上影响设计。例如，对用水、用能及空气品质的计量和监测，增加了管线的布置，对管综的设计提出了更高的要求；围护结构的性能提升可能会影响建筑的布局，平面上能利用的开槽会因为体型系数或者施工的缘由而不可用。

绿色技术相关条文的分值占比占设计阶段可获得总分值的28.2%。室内环境相关的指标共17项，总分值161分，主要分布在《标准》2019的"健康舒适""生活便利""资源节约"章节中，包括室内空气品质、运行、节能和室内、室外水系统5个部分，其中与节能相关条文的占比最大，总分达到60分。评价点分值和分布见表4-1。

一、室内空气品质

现代社会人们的大量时间是在室内度过：家中、办公室里以及商业、博物馆等各

室内环境评价点　　　　　　　　　　　　　　　表4-1

目标	条文	分值
1 室内空气品质（7.5%）	I 控制污染物浓度（条文5.2.1）	12
2 安全用水（15.5%）	I 水质（条文5.2.3）	8
	II 储水设施（条文5.2.4）	9
	III 标识（条文5.2.5）	8
3 智慧运行（18.0%）	I 能源分项计量（条文6.2.6）	8
	II 空气质量监测（条文6.2.7）	5
	III 用水计量和监测（条文6.2.8）	7
	IV 智能控制系统（条文6.2.9）	9
4 节能（37.3%）	I 围护结构的节能（条文7.2.4）	15
	II 设备系统的能源端（条文7.2.5）	10
	III 设备系统的末端和输配送（条文7.2.6）	5
	IV 电器设备（条文7.2.7）	10
	V 降低能耗（条文7.2.8）	10
	VI 可再生能源（条文7.2.9）	10
5 节水（21.7%）	II 绿化灌溉和空调冷却水（条文7.2.11）	12
	III 景观水体（条文7.2.12）	8
	IV 非传统水源（条文7.2.13）	15
总分值		161

种公共空间。建筑技术的发展，推动了各种人工环境的营造。人们呼吸的空气绝大部分来自于室内，伴随着生活水平的提高、环境意识的增强，在温度、湿度等室内环境质量的指标之外，人们也开始关注室内空气质量（Indoor Air Quality，IAQ）——用颗粒物、化学、生物等参数描述的室内空气状态[2]。

由于外围护系统气密性的增强，室内通过渗透风换气获得的新风量非常少，长时间待在不具备新风系统的室内人工空调环境中容易产生所谓的"空调病"：过敏、气喘及其他不明症状；长期生活在受污染环境中，人体健康受到严重影响，产生所谓"不良建筑综合症"（Sick Building Syndrome，SBS），主

要有呼吸系统感染、心血管疾病及肺癌等[3]。这样的建筑也被称为"病态建筑"[4]。室内空气质量是造成人和建筑"生病"的最主要原因。大量的研究表明，某些物质的室内污染程度比室外更为严重，因为室内空气的污染既有室外空气的贡献，也有来自室内建筑与装修材料，以及各种室内活动所产生的污染[5]。

1 控制污染物浓度（条文 5.2.1）

《标准》2019 从两个层面控制室内空气品质，一是指标层面，即污染物浓度的要求；二是操作层面，从源头控制，即对装修材料的要求。表 4-2 中列举了室内空气的一些参数和

室内空气质量标准 [6]　　　　　　　　　　　　　　表 4-2

特性	参数	单位	标准值	备注
物理性	温度	℃	22～28	夏季空调
			16～24	冬季采暖
	相对湿度	%	40～80	夏季空调
			30～60	冬季采暖
	空气流速	m/s	0.3	夏季空调
			0.2	冬季采暖
	新风量	$m^3/(h·人)$	30	
化学性	二氧化硫 SO_2	mg/m^3	0.5	1 小时均值
	二氧化氮 NO_2	mg/m^3	0.24	1 小时均值
	一氧化碳 CO	mg/m^3	10	1 小时均值
	二氧化碳 CO_2	%	0.10	日平均值
	氨 NH_3	mg/m^3	0.20	1 小时均值
	臭氧 O_3	mg/m^3	0.16	1 小时均值
	甲醛 HCHO	mg/m^3	0.10	1 小时均值
	苯 C_6H_6	mg/m^3	0.11	1 小时均值
	甲苯 C_7H_8	mg/m^3	0.20	1 小时均值
	二甲苯 C_8H_{10}	mg/m^3	0.20	1 小时均值
	苯并 [a] 芘 B (a) P	mg/m^3	1.0	1 小时均值
	可吸入颗粒物 PM_{10}	mg/m^3	0.15	日平均值
	总挥发性有机物 TVOC	mg/m^3	0.60	日平均值
生物性	菌落总数	cfu/m^3	2500	根据仪器测定
放射性	氡 $^{222}R_n$	Bq/m^3	400	年平均值

（注：新风量要求≥标准值，除温度、相对湿度外的其他参数要求≤标准值。）

指标。室内空气质量包括两方面的含义，一是舒适层级的室内空气的新鲜程度，依靠新风系统或者自然通风对室内进行换气实现；二是健康层级的有害物质控制，主要依靠掐断污染源的方式，包括建材管控、健康的生活方式等。

A 评价

5.2.1 控制室内主要空气污染物的浓度，评价总分值为 12 分，并按下列规则分别评分并累计：

1 氨、甲醛、苯、总挥发性有机物、氡等污染物浓度低于现行国家标准《室内空气质量标准》GB/T 18883 规定限值的 10%，得 3 分；低于 20%，得 6 分；

2 室内 PM2.5 年均浓度不高于 $25\mu g/m^3$，且室内 PM10 年均浓度不高于 $50\mu g/m^3$，得 6 分。

B 策略

对空气污染物浓度的控制，设计阶段的预评价可采用专用计算软件进行计算，该软件能生成合理描述装修方案模型，其理论框架包括科学合理的材料污染物释放 / 吸附模型、通风模型、净化模型，计算核心是室内污染物的质量平衡，见图 4-1。[13] 以深圳建科院和绿建之窗合作开发的计算工具——室内空气污染物预测与控制工具 IndoorPACT 为例，该软件提供化学污染物（甲醛、TVOC、苯、甲苯、二甲苯）和颗粒物（$PM_{2.5}$、PM_{10}）两个计算模块和装修材料的环保数据库，它可以预测室内空气质量的趋势，预测室内空气污染负荷，解析污染源头，并且，能够根据结果核算材料和设备的性能。

从图 4-1 软件框架可以看出，与装修污染物有关包含两大内容：一是污染源，二是污染源的控制。前者污染源包括化学性污染物和空气颗粒物，后者污染源的控制包括通风（设计）和净化器（产品）两种方式。

（1）化学性污染物

第 1 个评分点关于化学性污染物。室内空间经常检测到的污染物有挥发性有机化合物

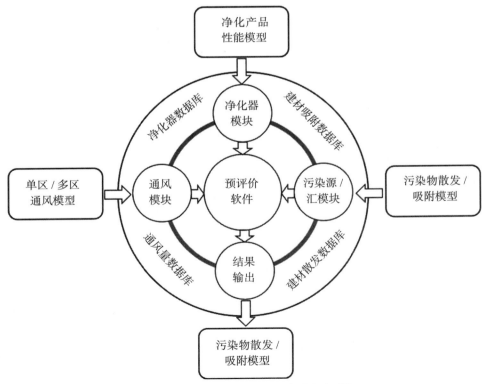

图 4-1　装修污染物预评价软件框架[13]

（VOC），甲醛，CO、CO_2，NO_x、SO_x、O_3，颗粒污染物，氡及其衰变子体等。出于不同的行业发展水平，不同标准制定主体，以及不同的检测手段等原因，世界各个国家的污染物浓度控制标准不一，并且同一国家不同的规范中对污染物的浓度限值也不同。以甲醛为例，我国《室内空气质量标准》GB/T 18883—2002 中规定甲醛的浓度限值为 $0.1mg/m^3$；《室内空气卫生标准》GB/T 16127-1995 对甲醛的限值最为严苛，达到 $0.08mg/m^3$[5]；北欧国家芬兰由于人们在室内时间非常长，而且室内设计行业非常发达，因此，其室内空气标准非常高，以甲醛为例，其浓度限值低至 $0.03mg/m^3$。

尽管实施阶段对其控制更具意义，但在设计阶段——绿色建筑预评价阶段，室内空气污染物应进行控制设计，以指导后期施工阶段的材料采购与施工。污染物的控制设计需要综合考虑建筑布局、装修方案、材料选用以及环境温度、新风设计等多种因素，以各种建筑材料的污染物释放特征（释放速率）为基础，对污染物浓度进行控制[7]。以甲醛为例，《室内空气质量标准》GB/T 18883—2002 规定的浓度限值为 $0.1mg/m^3$，当室内浓度低于 $0.09mg/m^3$ 或 $0.08mg/m^3$，即比标准低 10% 或 20% 时，可以获得 3 分或者 6 分。

（2）空气颗粒物

第 2 个评分点关于空气颗粒物。$PM_{2.5}$ 和 PM_{10} 分别指空气动力学直径或等于 2.5μm 和 10μm 的大气颗粒物。$PM_{2.5}$ 和 PM_{10} 与大气能见度的降低密切相关，他们会吸收和散射阳光，所以当大气中 $PM_{2.5}$ 和 PM_{10} 浓度较高时，会出现雾霾天气。同时，$PM_{2.5}$ 和 PM_{10} 危害人体健康，侵入人体的呼吸系统：PM_{10} 为可吸入颗粒（Inhalable Particles），能通过呼吸系统进入人体，$PM_{2.5}$ 为可入肺颗粒（Respirable Particles），能够进入人体肺泡[8, 9]。

结合室内使用者的健康水平、停留时间、经济性等因素，《公共建筑室内空气质量控制设计标准》JGJ/T 461—2019 对不同类型的公共建筑室内空间制定了 $PM_{2.5}$ 的浓度要求，见表4-3。

（3）新风系统

《标准》2019 中规定，$PM_{2.5}$ 的年均浓度不高于 $25μg/m^3$，PM_{10} 的年均浓度不高于 $50μg/m^3$，两者必须同时满足要求，方可得分。居住建筑室内颗粒物的来源分室外源和室内源两类。抽烟和烹饪是两大室内来源，前者对室内 $PM_{2.5}$ 贡献大，持续时间长，后者的原因在于烹饪过程中多用油炸、烧烤，容易引起颗粒物的大量散发[8]。室外源对室内颗粒物浓度影响更大。因此，颗粒污染物的浓度控制分室外和室内两条路线：增强围护结构气密性，降低颗粒物从室外的渗透；控制人的行为，如吸烟、烹饪等。对于有新风系统的建筑，应使室内空间保持正压；无新风系统的建筑，可以使用空气净化器。

新风系统（Fresh Air System）的作用在于保持空气新鲜，室内空间的健康、舒适，其对污染物的去除有促进作用。LEED规定，新建办公楼全面启用前，要进行吹洗排污（Flush-out），排除施工后期残留的废气和其他

不同类型的公共建筑 $PM_{2.5}$ 室内设计日浓度 [2]　　　　　　　表 4-3

等级	$PM_{2.5}$（$μg/m^3$）	适用建筑类型
一级	25	幼儿园、医院、养老院
二级	35	学校教室、高星级宾馆客房、高级办公楼、健身房
三级	50	普通宾馆客房、普通办公楼、图书馆
四级	75	餐厅、博物馆、展览厅、体育馆、影剧院

污染物[10]：每平方英尺提供最小3500立方英尺的新风①。结合建筑的气密性，建筑的通风系统有两种类型：一般气密性条件下，配合空气渗透满足健康所需的新风量，即我国居住建筑长期以来使用的系统；高气密性条件下，配合机械通风系统，见图4-2。

C 案例

调查显示通风能够显著降低室内的污染物浓度，研究人员对3个装修办公室进行了苯系物的检测，装修内容包含墙壁涂料、办公家具、水磨石地板等，结果见表4-4，以苯为例，窗户关闭时，苯的含量为0.27～0.44mg/m³，窗户打开自然通风时，含量为0.02～0.06mg/m³，关窗时的苯含量是开窗时的5～14倍。

相关阅读 ⟶

以科技住宅为核心竞争力的房地产商打出"恒温、恒湿、恒氧"的三恒口号，在对室内空气温湿度的关注之外，"恒氧"成为衡量室内空气环境的重要表征，成为健康住宅的一部分。近年来日愈严重的空气污染，频繁出现的雾霾从另一方面促使人们关注室内空气的新鲜程度，有的房地产商在"三恒"的基础上又增加了"恒净"和"恒静"，组成"五恒"，以增强产品竞争力。"恒静"用以表达室内声环境，而"恒净"即是指室内空气保持时刻干净和新鲜。

需要注意的是，"三恒""五恒"都是在设备系统与外围护系统相互配合下产生的。足够的新风量可以促进换气，保证室内的洁净，同样，性能好的外围护结构（热工性能、气密性能、隔声性能等）能够将室外的噪声、灰尘、颗粒物等隔绝在外，从另一个方面保证室内空气的质量和环境的舒适。

二、安全用水

室内用水的评价主要包括两个方面。建

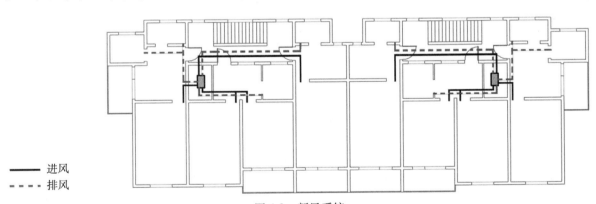

—— 进风
---- 排风

图4-2　新风系统

通风对三个办公室苯系物浓度的影响（单位：mg/m³）[3]　　　　表4-4

化合物	办公室1			办公室2			办公室3		
	闭窗	开窗	闭/开	闭窗	开窗	闭/开	闭窗	开窗	闭/开
苯	0.300	0.060	5.0	0.270	0.020	13.5	0.440	0.030	14.7
甲苯	0.610	0.060	10.2	0.640	0.050	12.8	0.670	0.060	11.2

---

① 换算为公制单位，相当于每平方米约1060m³新风量。以层高3m，使用面积100m²住宅为例，入住前要完成106000m³的新风量通风。

筑内部的用水与人的生活、饮用直接相关，首先应该安全。

1 水质（条文 5.2.3）

我国《生活饮用水卫生标准》GB 5749 对生活饮用水的定义是：供人生活的饮水和生活用水。直饮水可以参照《饮用净水水质标准》CJ 94。该条对各类用水水质提出要求，具体水质参考标准见表4-5。

非传统水源水质，在条文里没有明确指出，但运用了非传统水源的项目，其水质也应当满足相应标准规定。根据非传统水源用途的不同，水质参考标准亦不同，具体参考见表4-6。

A 评价

5.2.3 直饮水、集中生活热水、游泳池水、采暖空调系统用水、景观水体等的水质满足国家现行有关标准的要求，评价分值为8分。

B 策略

根据项目实际用水情况，在设计文件中明确水质要求。通过以下几个方面确保水质要求：

（1）如果设置上述任意一种用水系统，该系统的水处理工艺必须满足相应设计要求；

（2）选用满足现行国家或行业标准要求的管材、管件、设备；

（3）管道冲洗、调试、试运行；

（4）定期进行各类用水水质检测；

各类用水水质执行的标准　　　　　　　　表 4-5

编号	用水类型	水质执行标准		
1	直饮水	《饮用净水水质标准》CJ 94、《全自动连续微/超滤净水装置》HG/T 4111		
2	集中生活热水	《生活热水水质标准》CJ/T 521		
3	泳池用水	《游泳池水质标准》CJ 244		
4	采暖空调系统用水	《采暖空调系统水质》GB/T 29044		
5	景观水	分类	充水、补水水质	水体水质
		非直接接触、观赏性	《城市污水再生利用 景观环境用水水质》GB/T 18921	《地表水环境质量标准》GB 3838
		非全身接触、娱乐性		
		全身接触、娱乐性	《生活饮用水卫生标准》GB 5749	《游泳池水质标准》CJ 244
		细雾等微孔喷头、室内水景	《生活饮用水卫生标准》GB 5749	

非传统水源水质执行的标准　　　　　　　　表 4-6

编号	用途	水质执行标准	备注
1	绿化浇洒	—	—
2	道路冲洗	《城市污水再生利用 绿地浇灌水质》GB/T 25499	—
3	车库冲洗	《城市污水再生利用 城市杂用水水质》GB/T 18920	—
4	景观补水	《城市污水再生利用 景观环境用水水质》GB/T 18921	—
5	冷却水补水	《采暖空调系统水质标准》GB/T 29044	—
6	洗车	《城市污水再生利用 城市杂用水水质》GB/T 18920	—
7	冲厕	《城市污水再生利用 城市杂用水水质》GB/T 18920	集中处理型的再生水系统
8		《模块化户内中水集成系统技术规程》JGJ/T 409	户内模块化中水集成系统，常见为收集户内淋浴、洗衣等优质杂排水，处理后用于本户冲厕

（5）日常运营维护。

相关阅读 ➡️

LEED 评价体系中的饮用水（Potable Water）指井水、泉水和市政供应的自来水，可以直接饮用，相当于我国所说的直饮水（Drinking Water）；灰水（Gray Water）又称中水或杂排水，包括盥洗水（Lavatory Washer）、洗衣水（Laundry Washer）；黑水（Black Water）指座便器和小便池出来的水，是废水（Waste Water）的一种。灰水（中水）经过简单处理可以再利用，如景观、洗车、冷却塔补水等，但不能用于洗碗、淋浴、泳池补水、洗衣和饮用。

2 储水设施（条文 5.2.4）

建筑室内用水的供水方式有集中式供水（Central Water Supply），二次供水（Secondary Water Supply）和小型集中式供水（Small Central Water Supply）。其中，二次供水是目前民用建筑主要采用的生活饮用水供水方式[1]，它是指集中式的供水在入户之前经过再度的储存、加压和消毒或深度处理，通过管道或容器输送给用户的供水方式，例如，将储水水箱放置于屋面，各楼层的用水通过该水箱向下分配。因此，储水设施是生活饮用水水质安全的重要环节。

成品水箱属于二次供水设施，应当满足《二次供水设施卫生规范》GB 17051、《二次供水工程技术规程》CJJ 140 中关于二次供水设施的设计、生产、加工、施工、使用和管理。水箱应当采取分格形式，设施进出水注意水流畅通，并且在检查口（人孔）处加锁，在溢流管、通气管口设置防虫网等防止生物进入的措施。

A 评价

5.2.4 生活饮用水水池、水箱等储水设施采取措施满足卫生要求，评价总分值为 9 分，并按下列规则分别评分并累计：

1 使用符合国家现行有关标准要求的成品水箱，得 4 分；

2 采取保证储水不变质的措施，得 5 分。

B 策略

本条对项目储水设施提出要求，属于措施性条文，相对较容易理解且较容易实现。如果项目采用储水设施，要求采用符合规范要求的成品水箱。储水箱的形式有很多，《标准》2019 要求的成品水箱，通常指图 4-3 显示的、采用食品级不锈钢的、分格组合式的成品水箱。

C 案例

根据项目楼层、供水压力等实际情况，可以不采用储水设施的项目直接得分；需要采用储水设施的项目选用符合规范要求的成品水箱，如图 4-4 所示。

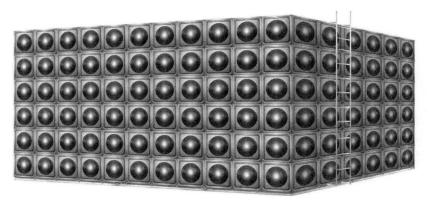

图 4-3 成品水箱示意图

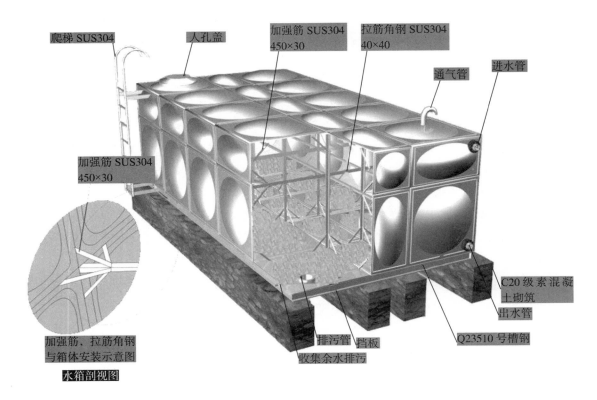

爬梯 SUS304　　人孔盖　　加强筋 SUS304 450×30　　拉筋角钢 SUS304 40×40　　通气管　　进水管

加强筋 SUS304 450×30

加强筋、拉筋角钢与箱体安装示意图

水箱剖视图

C20级素混凝土砌筑

出水管

Q23510 号槽钢

排污管　挡板

收集余水排污

图 4-4　成品水箱剖视图

3　标识（条文 5.2.5）

管道、设备设施设置清晰、易辨别的标识，方便日常管理，及时发现问题，确保项目正常运行，是一项实用性强且较容易实现的条文。通常情况下，标识设计是由项目标识顾问完成，也可由给排水设计工程师完成。

A 评价

5.2.5 所有给水排水管道、设备、设施设置明确、清晰的永久性标识，评价分值为 8 分。

B 策略

（1）标识设计涵盖范围有：给水系统管道、排水系统管道、室外管线、雨水系统，包含泵组、储水设施、水质处理设施等；

（2）标识设计参考的标准有：《工业管道的基本识别色、识别符号和安全标识》GB 7231、《建筑给水排水及采暖工程施工质量验收规范》GB 50242；

（3）标识选用符合要求的颜色，以流向和系统名称组成；

（4）标识间距 ≤ 10m；

（5）标识设置在管道起点、终点、交叉点、转弯处、阀门、穿墙孔两侧以及其他需要标识的地方；

（6）标识大小、文字应当易辨别、耐久性好。

C 案例

给排水系统标识设计，需要统筹其他专业（如暖通、燃气等）统一设计，可以从颜色上区别开，见图 4-5 和图 4-6。

三、智慧运行

智慧运行虽然在建筑物设计和建造阶段之后，与运行相关的技术手段需要在设计阶段就介入。

图 4-5　管道标识施工示意图

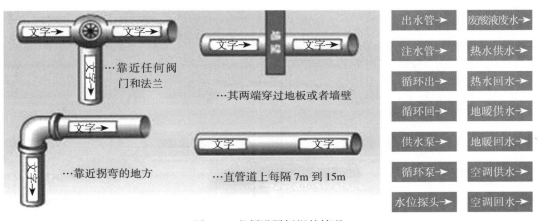

图 4-6　必须设置标识的情况

1　分项计量（条文 6.2.6）

分项计量包含了两项内容，一方面是分类分级自动远传计量（分类计量即是：分电、气、热分别设置计量系统；分级计量主要指用能分总体、末端等方式进行计量），另一方面是建筑能耗监测系统。

A 评价

6.2.6 设置分类、分级用能自动远传计量系统，且设置能源管理系统实现对建筑能耗的监测、数据分析和管理，评价分值为 8 分。

B 策略

（1）分类分项计量

实施用能分类计量，用电分项计量。其中用电分项计量，针对公共建筑、住宅和宿舍建筑公共区域，计量的类别可参考表 4-7。

分项计量类别		表 4-7
电	水	冷／暖
照明插座	生活用水	冷热源机组
空调	生活热水	锅炉
一般动力	设备补水	冷耗量
特殊用电	消防用水	热耗量

注：具体计量设置根据项目实际情况而定。

（2）远传计量

各项、各级计量装置均可实现数据远传。

（3）建筑能耗监测管理系统

将建筑能源资源消耗记录、分析并保存，

数据通过各类计量远传获取，终端设置信息数据管理系统，实现：

1) 能源消耗过程的信息化、可视化；

2) 能耗/能效信息统计、管理；

3) 历史能耗数据对比、分析。

形成客观的以数据为依据的能源消耗评价体系，减少能源管理的成本，提高能源管理的效率，及时了解真实的能耗情况和提出节能降耗的技术和管理措施。

C 案例

计量是实现能源资源信息化管理的前提条件，而设置能源资源管理系统的目的在于更好地实现提高能源资源使用效率，从而达到节约资源、降低成本等目的，见表4-8和图4-7。

重点设备划分及监测内容（来自舜通云） 表4-8

配电系统	变压器	启停状态 温度 负荷率 损耗
	柴油发电机	启停状态 本次运行时间 发电量 柴油耗量
电梯系统	客梯 扶梯 消防电梯	累计运行时间 电耗量 电压、电流、功率等电参数
给水系统	生活水泵	累计运行时间 电耗量 电压、电流、功率等电参数
热水系统	热水锅炉	累计运行时间 电耗量 燃气/油量 电压、电流、功率等电参数
	热水循环泵	累计运行时间 电耗量 电压、电流、功率等电参数
集中空调系统	空调冷热源机组	累计运行时间 负荷率 电耗量 制冷/热量 COP 冷冻水供回水温度 冷却水进出水温度 电压、电流、功率等电参数

续表

通风系统	送/排风机	累计运行时间 电耗量
集中空调系统	冷却塔、冷却泵	累计运行时间 电耗量 电压、电流、功率等电参数
	冷冻泵	累计运行时间 电耗量 电压、电流、功率等电参数
	空调末端设备	电耗量 冷/热耗量 设备效率
供暖系统	锅炉	累计运行时间 电耗量 燃气/油量 电压、电流、功率等电参数
	换热机组	电耗量 一次侧供热量 二次侧供热量 换热效率 电压、电流、功率等电参数
	循环泵	累计运行时间 工作频率 电耗量 电压、电流、功率等电参数
	补水泵	累计运行时间 工作频率 电耗量 电压、电流、功率等电参数

2 空气质量监测（条文 6.2.7）

通过室内设置各类空气质量传感器，将检测数据发送至信息终端，并且通过显示器反馈给用户，直观表达用户生活工作的环境是否健康，也反馈了建造者采取的一系列技术措施是否最终达到设计效果。

检验室内空气质量的元素很多，例如甲醛、TVOC、颗粒物、CO_2 等，绿色建筑把颗粒物和 CO_2 的浓度作为指标，设置监测和显示条文，是考虑了颗粒物、CO_2 元素与气候、室内活动等相关，是伴随用户生活一直存在的问题，与装饰装修污染物浓度呈现衰减的规律不一样。监测与显示，面对浮动的室外

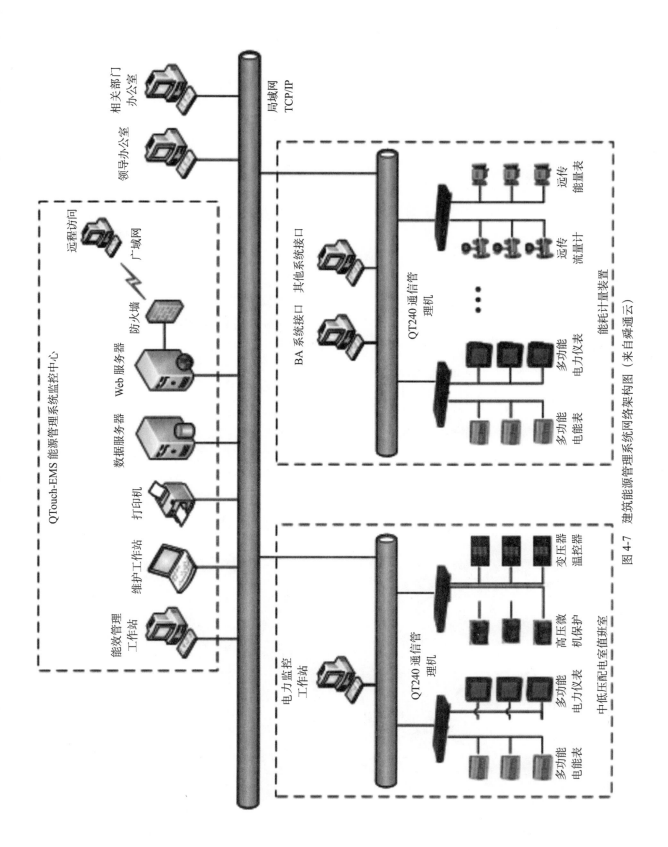

图 4-7 建筑能源管理系统网络架构图（来自舜通云）

状态、室内活动，及时提示用户采取措施保持室内颗粒物、CO_2 浓度始终保持在限值之下。

A 评价

6.2.7 设置 PM_{10}、$PM_{2.5}$、CO_2 浓度的空气质量监测系统，且具有存储至少一年的监测数据和实时显示等功能，评价分值为 5 分。

B 策略

对于住宅和宿舍类建筑，每户均要求设置监测、显示；对于公共建筑，要求对主要功能房间设置监测，显示器可考虑放置于公共区域明显位置。

（1）监测的元素至少包含 PM_{10}、$PM_{2.5}$、CO_2；

（2）监测采样点避免电磁干扰，避开通风口；

（3）系统要求具备连续测量、显示、记录和数据传输功能；

（4）建筑使用时段，读数时间间隔 $\leqslant 10min$；

（5）系统可储存一年的监测数据。

C 案例

上海某养老公寓建筑，设置了室内空气质量监测、显示系统，于建筑出入口大堂设置监测显示屏，设计参考图 4-9，图 4-10 和

图 4-11。

3 用水计量和监测（条文 6.2.8）

A 评价

6.2.8 设置用水远传计量系统，水质在线监测系统，评价总分值为 7 分，并按下列规则评分并累计：

1）设置用水量远传计量系统，能分类、分级记录、统计分析各种用水情况，得 3 分；

2）利用计量数据进行管网漏损自动检测、分析与整改，管道漏损率低于 5%，得 2 分；

3）设置水质在线监测系统，监测生活饮用水、管道直饮水、游泳池水、非传统水源、空调冷却水的水质指标，记录并保存水质监测结果，且能随时供用户查询，得 2 分。

B 策略

（1）用水计量

该条第一款，单独针对给水系统设置分类、分级计量得分项，并且要求计量表可远传数据。第二款可归属于建筑能耗监测系统中一部分，数据远传至终端信息端，通过分析数据，及时发现管网是否有漏损情况，辅助运行管理。要实现降低管网漏损率，计量

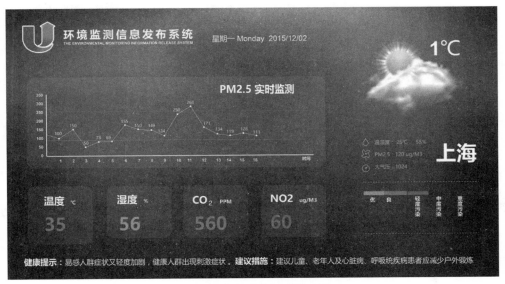

图 4-8 空气质量显示器示例

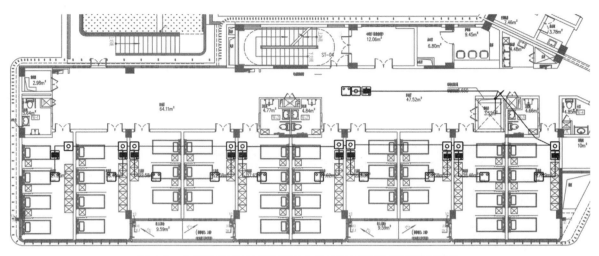

图 4-9　上海某养老公寓建筑室内空气质量监测点平面示意图

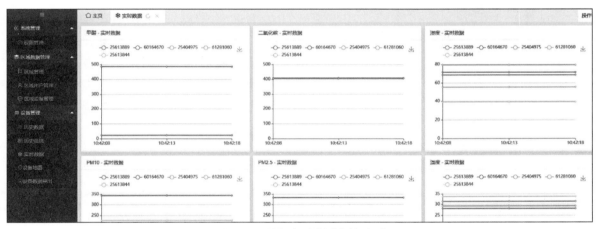

图 4-10　设备实时监测曲线界面

图 4-11　室内空气质量监测点安装示意图

和数据分析便是前提条件。图 4-12 是一种远传智能水表，表 4-9 中列举了不同位置远传表的安装位置和表径。

图 4-12　远传智能水表

（2）水质在线监测系统

前两款是对水量的监测，第三款则是对水质的自动监测、预警，辅助水质整改。水质监测系统可尽早发现水质的异常变化，及时追踪污染源，为防止下游水质污染迅速做出预警预报，从而为管理决策服务。监测的水源类型和针对类型的不同监测项目见表 4-10。适合布置水质监测点的位置包括：水源、水处理设施出水点、最不利用水点。系统可实现监测数据记录、超标报警功能，同时可储存一年以上的数据。

C 案例

根据工程实际情况，结合给水系统，设置分级、分类远传计量表，并建立在线监测系统。图 4-13 是一种二级供水监测系统模式，图 4-14 则是监测系统的用户界面。

4　智能控制系统（条文 6.2.9）

智能化系统，指的是由现代通信与信息技术、计算机网络技术、行业技术、智能控制技术汇集而成的针对某一个方面的应用的智能集合。《标准》2019 中提出的智能化服务系统包含智能家居监控系统、智能环境设备监控系统、智能工作服务系统等。

A 评价

6.2.9 具有智能化服务系统，评价总分值为 9 分，并按下列规则分别评分并累计：

1 具有家电控制、照明控制、设施控制、安全报警、环境监测、建筑设备控制等至少 3

不同类型的计量水表　　　　　　　　　　　　　　　　　　　　表 4-9

表级	水表直径	安装位置	水表类型
一级	DN200	市政总管	远传表
二级	DN150	1. 市政直供干管起端 2. 储水设施或加压装置进水端	远传表
三级	DN100	1. 市政直供接出的支管起端 2. 储水或加压装置储水罐接出的各分支立管起端 3. 不同功能分区，如餐饮、商业、健身等，接入管起端 4. 室外道路浇洒、绿化配水干管起端 5. 锅炉、冷却塔、水景、雨水等进水或补水管起端	远传表
用户端表	DN25	1. 各楼层用水设施、用水单元进水管 2. 不同付费、管理单元进水管 [2]	远传表

备注：1. 水表直径以具体的工程设计为准；
　　　2. 不同付费、管理单元若存在不同用途的用水，也应当根据不同类别的用水，进行水表细化设计安装。

水源类型和监测项目   表 4-10

水源	监测项目
生活饮用水	浑浊度、余氯、pH 值、电导率（TDS）
非传统水源	浑浊度、余氯、pH 值、电导率（TDS）
雨水回用	浑浊度、余氯、pH 值、电导率（TDS）、SS、CODcr
管道直饮水	浑浊度、pH 值、余氯或臭氧（取决于消毒技术）
终端直饮水	采用消毒器、滤料或模芯（取决于净化技术）等耗材更换提醒报警功能代替水质在线监测
游泳池水	pH 值、氧化还原电位、浊度、水温、余氯或臭氧（取决于消毒技术）
空调冷却水	pH 值（25℃）、电导率（25℃）

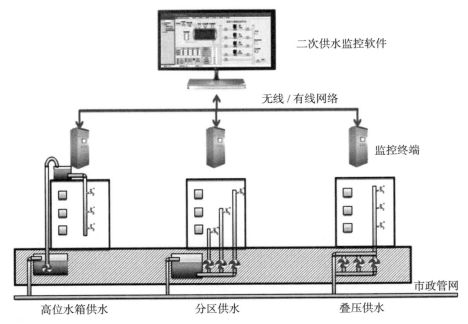

图 4-13　二次供水监控系统示例

种类型的服务功能，得 3 分；

　　2 具有远程监控的功能，得 3 分；

　　3 具有接入智慧城市（城区、社区）的功能，得 3 分。

B 策略

（1）智能服务系统

　　结合不同的建筑类型，不同的智能服务系统见表 4-11。合理设置智能化服务系统，包含：家电控制、照明控制、安全报警、环境监测、建筑设备控制、工作生活服务等。根据项目实际情况选择 3 种服务系统。

（2）远程控制

　　工程项目选择的 3 种智能化服务系统，均需要实现远程控制。远程控制的方式包含：网络、小程序 APP、室内外遥控、红外转发、编程定时控制等。

（3）智慧城市

　　至少实现 1 种智能服务系统可与智慧城市（城区、社区）平台对接，实现信息、数据共享和互通。例如，办公建筑可将建筑设备监控数据接入城市用能监控平台，为城市范畴的用能情况提供基础数据。但应当注意，根据项目实际情况选择接入共享平台的服务，避免存在用户隐私泄露的隐患。

图 4-14　水质在线监测系统示例

智能服务系统的类型　　　　　　　　　　　　　　表 4-11

建筑类型	智能服务系统类型	终端设备要求
住宅建筑	空调、风扇、窗帘、空气净化器、热水器、电视、背景音乐、厨房电器、照明场景、设备安全报警、室内外空气温度、湿度、CO_2 浓度、空气污染物浓度、声环境、水质环境、养老服务预约、就医预约、出行预约等	每户设置终端设备
公共建筑	空调、风扇、窗帘、空气净化器控制；照明灯具分区、分时控制、安全报警；室内外空气温度、湿度、CO_2 浓度、空气污染物浓度、声环境、水质环境监测等；会议室预约、就餐预约、访客预约、出行预约、酒店预约等	主要功能房间设置终端设备

C 案例

上海某办公建筑采用了室内空气质量监测显示系统（图 4-15），新风自动控制系统，安全报警系统，智能照明等智能化服务系统（图 4-16），并且建筑能耗数可与上级平台进行对接。

四、节能

节能是绿色建筑评价最重要的评价目标之一，条文多，分值高，占比大，并且技术手段多样。《标准》2019 的评价策略呈现的逻辑关系为：降低用能需求—减少用能能耗—增加可再生能源的供应。

1　围护结构的节能（条文 7.2.4）

围护结构的热工性能优化是绿色建筑，尤其是节能方向发展的重要方向之一。在众多的研究文献中，建筑能效（Building Energy Efficiency，BEE）已经基本等同与外围护能效（Envelope Energy Efficiency，EEE）。研究人员对当前被动式设计的相关研究，以及与其相联系的模拟研究进展进行了调查分析，发现利用被动式设计手段进行能效优化的研究主要包含 6 大内容：建筑形体、围护结构的非透明、围护结构的透明部件、遮阳、自然通风以及蓄热材料[5]，其中有 4 点都与围护结构直接相关。

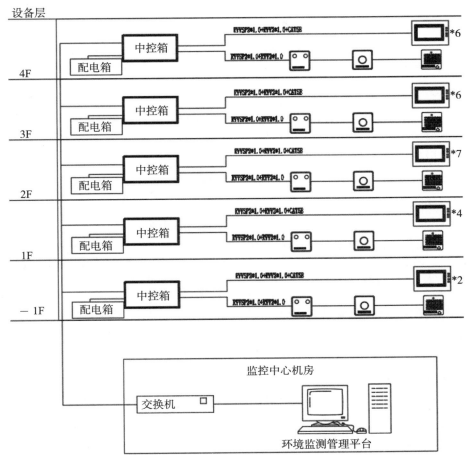

图 4-15 室内空气质量监控系统图

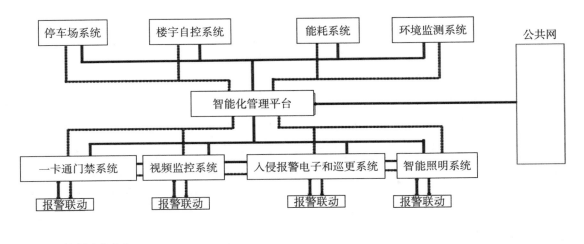

图 4-16 智能化集成系统图

与围护结构的热工性能相关的国家标准、行业标准非常多。公共建筑有《公共建筑节能设计标准》GB 50189—2015，居住建筑有《严寒和寒冷地区居住建筑节能设计标准》JGJ 26—2018，《夏热冬冷地区居住建筑节能设计标准》JGJ 134—2010，《夏热冬暖地区居住建筑节能设计标准》JGJ 75—2012 等，此外还有很多地方性的标准。

A 评价

7.2.4 优化建筑围护结构的热工性能，评价总分值为 15 分，并按下列规则评分：

1 围护结构热工性能比国家现行相关建筑节能标准规定的提高幅度达到 5%，得 5 分；达到 10%，得 10 分；达到 15%，得 15 分。

2 建筑供暖空调负荷降低 5%，得 5 分；降低 10%，得 10 分；降低 15%，得 15 分。

B 策略

《标准》2019 中对围护结构热工性能的评价分值 15 分，评价过程涉及建筑物理和建筑设备的内容。评价分为两种类型：围护结构性能的数值比较和供暖空调负荷的计算模拟，前者指与围护结构的性能相关参数与参照建筑（Reference Building）的数值比较，如传热系数、太阳得热系数、体型系数等，后者指通过计算机模拟，计算项目所采用围护结构的冷负荷和热负荷，并将他们与参照建筑的冷、热负荷相比较。

（1）数值比较

数值比较法中，与参照建筑对比的指标主要是传热系数、太阳得热系数和遮阳系数，比较过程中还涉及朝向、体型系数、窗墙比的判断。

对不同的建筑气候区，需要侧重比较的参数不一样。在夏热冬暖地区，围护结构的隔热性能比保温性能更重要，包括遮阳系数 SC 和太阳得热系数 SHGC；在严寒地区，传热系数 U 更重要。夏热冬冷地区则需要兼顾隔热和保温，以上海为例，当建筑的传热系数 U、遮阳系数 SC、太阳得热系数 SHGC 均比节能标准要求的数值均降低 5%，10%，15% 时，得 5 分，10 分和 15 分。

（2）计算模拟

当因部分热工性能参数超出规范要求时（如窗墙比过大），数值比较方法不适用，则可以采用模拟计算的方法。第二种评价方案适用于所有的建筑类型，应用范围更广，但是其计算过程比较复杂，需要计算机辅助。常用的辅助软件有 PKPM，Energy-Plus，DesignBuilder，eQUEST，DEST 等，软件应用本书第五章有详细介绍。围护结构的冷、热负荷比参照建筑低 5%，10%，15% 时，建设项目可以分别获得 5 分，10 分和 15 分。

全年采暖 / 制冷调空调负荷是指采暖 / 空调系统全年需要提供的总热量和总冷量，本条文评价对象是围护结构，因此仅计算全年能量通过围护结构传播所产生的采暖 / 制冷负荷，包括经由围护结构传热和玻璃的太阳辐射形成的采暖 / 制冷负荷。由于评价对象仅仅是围护结构，因此计算过程中排除了其他相关因素的干扰，例如设备散热和人员活动产生的热量等，空气渗透也不在计算范围之内。

相关阅读

与夏季制冷工况相比，围护结构的传热系数对于建筑采暖工况的相关性更高，其与建筑体形系数的乘积与建筑采暖需要的热量成正比。我国北方地区与欧洲的英国、德国、瑞典、挪威等国家具有相似的气候条件，围护结构的保温水平却不如上述国家，外墙、外窗平均传热系数是他们的 2 倍左右，但是，我国北方城镇建筑的住宅体形系数更小。传热系数和体形系数叠加影响下，我国北方与上述国家具有非常接近的采暖能耗平均值。我国目前的主要居住模式是多层、高层住宅楼，其体形系数多在 0.2 ～ 0.3 左右，而上述欧洲国家主要居住建筑类型是低层的别墅，其体形系数为 0.5 ~ 0.7 左右，是我国住宅的 2 倍左右。因此，尽管我国住宅的保温水平不佳，其围护结构的传热系数更高，但是通过围护结构的热损失却与上述国家相似[7]。

被动房设计理念和评价标准在国内的推广使气密性的重要性为大家所认识。建筑的气密性（Air-tightness）指围护结构抵抗空气从其缝隙渗入 / 渗出的能力[8]，是影响建筑围护结构性能的重要因素。不同国家地区的研究者从不同的视角研究了气密性对热负荷的影响，发现因空气渗透引起的热损失可以占到建筑热负荷的 1/3 ~ 1/2[9]。

气密性与围护结构的构造形式，部品部件的整体质量及施工水平密切相关。现浇混凝土、砖墙体系的气密性要优于木结构的围护体系；我国老旧小区的窗户质量非常差，安装工艺也差，对气密性的影响非常大。高气密性有很多优点，例如，减少热损失，降低采暖能耗；阻挡灰尘、颗粒物进入室内，保持室内干净，降低打扫卫生的需求。

高气密性也遭受质疑。建筑气密性越高，为了达到健康需求，室内需要机械通风以满足新风量。为了解决舒适问题，却又引起了健康问题，而为了再解决健康问题，又引入了新的设备系统，增加用户使用的难度和建筑的用能。

热桥以各种形式存在于建筑表皮之中，其形成原因分为两类，一是几何变化，二是材料变化。前者如阳台挑板，女儿墙部位等，后者材料变化产生的热桥包括窗户与墙体，填充墙体与结构墙体之间的关系等。应当注意的是，多种热桥往往都是两种因素综合作用产生的，以挑出阳台板构造为例，其中既存在几何变化的关系，通常也存在多种材料的应用[10]。墙体转折处形成的墙角为最简单的一种热桥，见图 4-17，由于几何形状的变化，墙角部位的传热系数受到构件尺寸的影响。

热桥对围护结构有两大影响，以冬季工况为例，一是降低室内建筑表面温度，引起不舒适以及导致表面霉菌的产生；二是造成额外的热损失，从而增加冬季的采暖能耗[11]。一般认为，热桥是围护结构保温系统中的薄弱部分，相比较非热桥部位，更多的热量在此聚集和通过。因此，在冬季，热桥部位的内表面温度较其他位置低，围护结构整体的热损失由于热桥的存在而局部增大。

阳台处的节点是最典型的热桥之一，我国目前常用的断热手法是用保温材料将阳台的暴露面全部包裹起来。德国公司有研发新型的断热产品，将阳台与室内楼板连接处直接用传热系数非常低的构件替代，以达到断

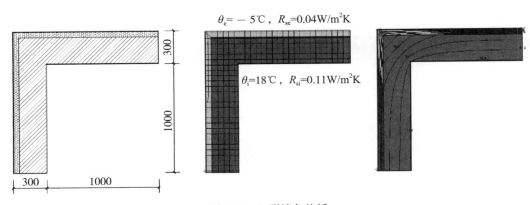

图 4-17　L 形墙角热桥

图 4-18　可以用于阳台断热处理的某产品（来源：Schoeck 官方网站）

热的效果[①]，见图 4-18。

C 案例

某项目位于夏热冬冷区上海，参照建筑执行《夏热冬冷地区居住建筑节能设计标准》JGJ 134。

该项目的外围护水平非常高。项目外墙和屋面都使用了外保温，外墙面采用薄抹灰外保温系统，保温材料为 80mm 厚的石墨聚苯板，屋面使用 80mm 的挤塑聚苯板。窗户的玻璃选用中空玻璃和 low-e 的组合，6low-e+12A+6，窗框的型材为塑钢，窗户的自身遮阳系数为 0.62。南立面采用了活动遮阳卷帘，其遮阳系数按照 0.5 简化计算，可以得到南立面的综合遮阳系数为 0.31。此外，项目 A 没有使用天窗。

项目的围护结构热工性能参数与参照建筑的数值比较见表 4-12。

该项目的围护结构热工参数相比较节

围护结构热工性能参数和参照建筑的比较　　　　表 4-12

热工参数			单位	评价建筑	参照建筑	提高幅度（%）
屋面传热系数 U			W/（m²·K）	0.39	1.00	61.00
外墙（包括非透明幕墙）传热系数 U			W/（m²·K）	0.40	1.50	73.33
外窗（包括透明幕墙）	传热系数 U	东向	W/（m²·K）	2.40	4.70	48.94
		南向	W/（m²·K）	2.40	3.20	25.00
		西向	W/（m²·K）	2.40	4.70	48.94
		北向	W/（m²·K）	2.40	4.00	40.00
	遮阳系数 SC	东向	—	—	—	—
		南向	—	0.31	0.45	31.1
		西向	—	—	—	—
		北向	—	—	—	—
屋顶透明部分	传热系数 U		W/（m²·K）	—	—	—
	太阳得热系数 SHGC		—	—	—	—

---

　　① 这种产品在我国大规模应用前，还需要经过抗震的测试。

能设计标准的数值均有提高，并且幅度超过15%，因此，不需要通过模拟计算围护结构的夏季和冬季负荷，本条文得分15分。本书第五章有结合该负荷的模拟计算。

2 设备系统的能源端（条文7.2.5）

暖通系统的冷热源，可以将它比喻成一个能量池，建筑需要热量或者冷量的时候，通过某类型机器，把建筑中的热量（冷量）搬运到能量池，能量池中的冷量（热量）搬运到建筑中，是一个热量交换的过程。能量池可以是空气、水、土壤、电、燃气等，而能量池的搬运工作通过各种类型的冷热源机组实现。

A 评价

7.2.5 供暖空调系统的冷、热源机组能效均优于现行国家标准《公共建筑节能设计标准》GB 50189 的规定以及现行有关国家标准能效限定值的要求，评价总分值为10分，按表7.2.5 规则评分。

B 策略

绿色建筑不约束系统能源端的形式，仅评价能源端的效率。从绿色角度出发，能源端的选择应坚持因地制宜，适配项目类型为设计基础。例如，有市政供热的地区，充分利用市政热源，不盲目自建供热站。

C 案例

一个项目有多种类别的冷热源机组，应当逐一进行评价后，取提升幅度最低的那一档进行评分。如:项目采用了电驱动冷水机组+燃气锅炉，局部物业管理用房采用了房间空气调节器，则应当对3种冷热源机组逐一进行评分。

上海某酒店项目，冷热源采用了直燃型溴化锂吸收式冷（温）水机组，机组制冷工况下 COP 为 1.62，供热工况 COP 为 0.97，则制冷 COP 比国标规定限值提高了 35%，供热COP 比国标规定限值提高了 7.8%，项目可获得 5 分。

冷、热源机组能效提升幅度评分规则　　　　　　　　　表 7.2.5

机组类型		能效指标	参照标准	评分要求	
电机驱动的蒸汽压缩循环冷水（热泵）机组		制冷性能系数（COP）	现行国家标准《公共建筑节能设计标准》GB 50189	提高6%	提高12%
直燃型溴化锂吸收式冷（温）水机组		制冷、供热性能系数（COP）		提高6%	提高12%
单元式空气调节机、风管送风式和屋顶式空调机组		能效比（EER）		提高6%	提高12%
多联式空调（热泵）机组		制冷综合性能系数（IPLV（C））		提高8%	提高16%
锅炉	燃煤	热效率		提高3个百分点	提高6个百分点
	燃油燃气	热效率		提高2个百分点	提高4个百分点
房间空气调节器		能效比（EER）、能源消耗效率	现行有关国家标准	节能评价值	1级能效等级限值
家用燃气热水炉		热效率值（η）			
蒸汽型溴化锂吸收式冷水机组		制冷、供热性能系数（COP）			
得分				5分	10分

3 设备系统的末端和输配送（条文 7.2.6）

A 评价

7.2.6 采取有效措施降低供暖空调系统的末端系统及输配系统的能耗，评价总分值 5 分，并按以下规则分别评分并累计：

1 通风空调系统风机的单位风量耗功率比现行国家标准《公共建筑节能设计标准》GB 50189 的规定低 20%，得 2 分；

2 集中供暖系统热水循环泵的耗电输热比、空调冷热水系统循环水泵的耗电输冷（热）比比现行国家标准《民用建筑供暖通风与空气调节设计规范》GB 50736 规定值低 20%，得 3 分。

B 策略

民用建筑设计中，最常见的风系统有：新风系统、全空气系统、地下车库机械通风系统等。在设计阶段，首先将风系统进行合理分区，避免过大风量的传送，其次合理控制送风风压，选择风机效率高的产品。该条款针对分体空调、多联机系统、风量不超过 10000m³/h 的空调／新风机组、单元式空气调节机可以直接得分。

非集中供暖空调系统，如分体空调、多联机空调（热泵）机组、单元式空气调节机等，本条可直接得分。对于集中供暖空调的项目，尤其是采用集中空调系统提供冷热量的项目，本条不是特别友好。由于我国气候条件差异很大，相对比较难以实现冬夏冷热量平均的状态，因此项目往往会出现耗电输冷比比限值降低 20%，但耗电输热比不能满足要求。从设计角度而言，如果是冷负荷为主导的地区，以冷量来选择输送泵组，那么有可能出现供热工况时，不需要那么多泵组。该情况下，也可以通过合理的运行策略，减少泵组开启台数搭配变频控制等措施，来降低实际运行的耗电输热比。

C 案例

以夏热冬冷地区某住宅建筑为例进行计算，该住宅项目采用集中式新风处理系统，以及辐射空调系统提供夏季供冷冬季供热，则耗电输热（冷）比计算如下：

耗电输热（冷）比算例　　表 4-13

季节	水泵用途	单台流量 G	H	ηb	水泵台数	$\sum Q$	$0.003096\sum (G \times H/\eta b)/\sum Q$
		m³/h	m	迭代		kW	
夏季	辐射低区	430	35	0.8	3	2741.23	0.0637
	辐射高区	145	30	0.69	2	889	0.0439
	新风	430	35	0.88	2	4299	0.0246
冬季	辐射低区	380	27	0.8	2	1609.96	0.0493
	辐射高区	145	30	0.69	1	533	0.0366
	新风	430	35	0.8	1	3056	0.0191
	地暖	35	28	0.8	1	180	0.0211

季节	水泵用途	A	水泵级数	B	α	$\sum L$	ΔT	A（B+$\alpha\sum L$）/ΔT
		迭代		迭代	迭代	m	℃	
夏季	辐射低区	0.003749	1	28	0.018	820	2	0.0802
	辐射高区	0.003858	1	28	0.0178	870	2	0.0839
	新风	0.003749	1	28	0.0181	770	5	0.0314

续表

季节	水泵用途	A 迭代	水泵级数	B 迭代	α 迭代	$\sum L$ m	ΔT ℃	A $(B+\alpha\sum L)$ /ΔT
冬季	辐射低区	0.003749	1	21	0.018	820	2	0.0670
	辐射高区	0.003858	1	21	0.0178	870	2	0.0704
	新风	0.003749	1	21	0.0181	770	5	0.0262
	地暖	0.004225	1	21	0.0184	676	5	0.0283

$0.003096\sum(G\times H/\eta b)/\sum Q$	比较	A $(B+\alpha\sum L)$ /ΔT	耗电输热（冷）比降低幅度	判断
0.0637	≤	0.0802	20.48%	合格
0.0439	≤	0.0839	47.65%	合格
0.0246	≤	0.0314	21.66%	合格
0.0493	≤	0.0670	26.41%	合格
0.0366	≤	0.0704	47.97%	合格
0.0191	≤	0.0262	27.24%	合格
0.0211	≤	0.0283	25.43%	合格

4 电气设备（条文 7.2.7）

A 评价

7.2.7 采用节能型电气设备及节能控制措施，评价总分值为 10 分，并按下列规则分别评分并累计：

1 主要功能房间的照明功率密度值达到现行国家标准《建筑照明设计标准》GB 50034—2013 规定的目标值，得 5 分；

2 采光区域的人工照明随天然光照度变化自动调节，得 2 分；

3 照明产品、三相配电变压器、水泵、风机等设备满足国家现行有关标准的节能评价值的要求，得 3 分。

B 策略

本条要求是控制项 7.1.4 的提升，从照明节能、控制方面，提出了更高要求。并且包含部分照明产品的评价标准。

（1）照明功率密度（LPD）的定义：建筑的房间或场所，单位面积的照明安装功率（含镇流器，变压器的功耗），单位为：W/m²。

随着照明技术的进步，高效灯具、配件在市场上已经普遍应用，并且不是价格高昂产品。由此，在要求的照度条件下，由高效的灯具较容易实现照明功率密度目标值。值得引起注意的是，在照明场景相对复杂的场所，必定存在一部分装饰性照明设计，随着产品性能的进一步提升，节能减碳的大环境趋势，不建议再将装饰性照明排除在绿色设计之外。装饰性照明也应当按照设计标准算入整个空间的照明功率密度中，加以控制。

（2）第二款要求采光区域自动调节照度，需要从分区设计、控制、灯具、光感、开关等同时协作。首先要满足控制项 7.1.4 自然采光区域的照明应当采取分区控制设计，在此基础上，自然采光区域的照明可以根据天然照度进行自动调控。调控的方式如：光感应灯具照度自动调节，设置智能照明编程定时控制等。

（3）第三款要求的设备设施达到一定节能要求，涉及产品范围较广。值得注意的一个细节变化，过去的绿色建筑评价中，对于消防、应急用水泵、风机可不参评，而《标准》2019 执行之后，消防应急用水泵、风机也纳入了评价范围。从工程建设角度而言，每一类产品的控制范围参考见表4-14。

各产品满足国家现行有关标准的节能评价值的要求，具体参考见表4-15。

5 降低能耗（条文7.2.8）

A 评价

7.2.8 采取措施降低建筑能耗，评价总分值为10分。建筑能耗相比国家现行有关建筑节能标准降低10%，得5分；降低20%，得10分。

B 策略

该条比较的是设计建筑在暖通空调系统和照明系统上采取一系列措施，比参考建筑系统能耗降低的幅度，因此设计建筑和参考建筑的围护结构热工性能保持一致。

能耗的比较分为投入使用不足1年和投入使用满1年两种途径。投入使用不足1年采取模拟计算预估值进行节能比较，计算满足现行行业标准《民用建筑绿色性能计算标准》JGJ/T 449—2008 的要求；投入使用满1年项目采取实际能耗测量值与现行国家标准《民用建筑能耗标准》GB/T 51161—2016 的约束值进行比较。

供暖空调系统能耗的预估，包含了冷热源、输配系统和末端空气处理设备的能耗；照

产品类型和控制范围   表 4-14

	公共建筑		住宅建筑	
	精装部分	公共区域	户内部分	公共区域
照明产品、镇流器	用户控制、建设方控制	建设方控制	用户控制、建设方控制	建设方控制
三相配电变压器	1 变配电专项工程建设控制 2 建设方控制		1 变配电专项工程建设控制 2 建设方控制	
水泵	1 自来水专项工程建设控制 2 暖通系统用水泵：建设方控制 3 消防用水泵：建设方控制			
风机	1 暖通系统用送排风机：建设方控制 2 消防用送排风机			

不同产品和对应的标准   表 4-15

序号	标准编号	标准名称
1	GB 17896	管形荧光灯镇流器能效限定值及能效等级
2	GB 19043	普通照明用双端荧光灯能效限定值及能效等级
3	GB 19044	普通照明用自镇流荧光灯能效限定值及能效等级
4	GB 19415	单端荧光灯能效限定值及能效等级
5	GB 19573	高压钠灯能效限定值及能效等级
6	GB 19574	高压钠灯用镇流器能效限定值及能效等级
7	GB 19761	通风机能效限定值及能效等级
8	GB 19762	清水离心泵能效限定值及节能评价值
9	GB 20053	金属卤化物灯用镇流器能效限定值及能效等级
10	GB 20054	金属卤化物灯能效限定值及能效等级
11	GB 20052	三相配电变压器能效限定值及能效等级
12	GB 30255	室内照明用 LED 产品能效限定值及能效等级

明系统则考察住宅公区和公共建筑整个区域的能耗。计算能耗需要折算成一次能耗量，不同能源种类之间的转换可参考《建筑能耗数据分类及表示方法》JG/T 358—2012 中规定发电煤耗法换算系数确定，或《民用建筑能耗分类及表示方法》GB/T 34913—2017 折算成电力。

相关阅读 →

在我国照明系统的能耗很高，在住宅建筑中超过了生活热水，也超过了夏季空调的能耗，占除采暖能耗之外总能耗的 24.8%（表 4-16）。

我国住宅除采暖外的能耗

（单位：kWh/m²·a） [7]　　表 4-16

总能耗	炊事	生活热水	照明	其他家电	空调
27	9.5	3～5	6.7	5～15	1～5

6　可再生能源（条文 7.2.9）

再生能源包括太阳能、水能、风能、生物质能、波浪能、潮汐能、海洋温差能、地热能等。民用建筑最常用的可再生能源形式有太阳能、地热能，少部分具备条件的项目可用到水能、风能。

A 评价

7.2.9 结合当地气候和自然资源条件合理利用可再生能源，评价总分值为 10 分，按表 7.2.9 的规则评分。

B 策略

结合项目属性、所在地区气候条件及场地周边环境，合理利用可再生能源。例如，住宅、酒店、公寓、养老院、幼儿园等常年存在热水需求，且用水时段固定的项目，常用太阳能热水系统，也有部分项目采用地源热泵、空气源热泵；办公、商业项目常用太阳能发电系统；太阳能资源匮乏地区采用太阳能资源的性价比较低，地质条件为山地、岩石地带采用地源热泵施工难度较大，有污水源、海水源条件且征得有关部门同意的项目可利用水源能。

特别指出，在夏热冬冷、夏热冬暖、温

可再生能源利用评分规则　　　　　　　　　　　　　　　　　　　表 7.2.9

可再生能源利用类型和指标		得分
可再生能源提供的生活热水比例 R_{hw}	$20\% \leqslant R_{hw} < 35\%$	2
	$35\% \leqslant R_{hw} < 50\%$	4
	$50\% \leqslant R_{hw} < 65\%$	6
	$65\% \leqslant R_{hw} < 80\%$	8
	$R_{hw} \geqslant 80\%$	10
可再生能源提供的空调用冷量和热量比例 R_{ch}	$20\% \leqslant R_{ch} < 35\%$	2
	$35\% \leqslant R_{ch} < 50\%$	4
	$50\% \leqslant R_{ch} < 65\%$	6
	$65\% \leqslant R_{ch} < 80\%$	8
	$R_{cw} \geqslant 80\%$	10
可再生能源提供的电量比例 R_e	$0.5\% \leqslant R_e < 1.0\%$	2
	$1.0\% \leqslant R_e < 2.0\%$	4
	$2.0\% \leqslant R_e < 3.0\%$	6
	$3.0\% \leqslant R_e < 4.0\%$	8
	$R_e \geqslant 4.0\%$	10

和地区，同时具备以下两项条件，可认为是运用了再生能源：

（1）存在稳定热水需求的建筑；

（2）采用高效空气源热泵提供生活热水，热泵性能系数 COP 满足现行《公共建筑节能设计标准》GB 50189 要求。

可再生能源使用比例的计算原则，参考表 4-17。

可再生能源的计算原则　　　表 4-17

	公共建筑	住宅建筑
由可再生能源提供的生活热水	按照可再生能源对生活热水设计小时供热量与生活热水设计小时加热耗热量比例计算	按照使用的户数比例计算
由可再生能源提供的空调用冷量和热量比例	设计工况下，冷热源机组（如地源、水源热泵）提供的冷热量与空调系统总冷热负荷的比例计算 在计算机组提供的冷热量时，要考虑机组输入功率	
由可再生能源提供的电量	设计工况下，发电机组输出功率与供电系统设计负荷比例计算	

C 案例

（1）太阳能生活热水

某酒店项目，全年生活热水耗热量为 6MJ，其中太阳能热水系统提供的热量为 3MJ，则可再生能源提供的生活用热水比例 = 3MJ/6MJ=50%

（2）地源热泵空调系统

某住宅项目采用地源热泵空调系统，并配置单冷系统用于夏季供冷，系统总冷热负荷为 13039kW，其中由地源热泵提供的冷热量为 10995kW，则可再生能源提供的空调冷热量比例 =10995/13039=84%

（3）太阳能光伏发电

某办公项目采用太阳能光伏发电系统，设置屋顶 1646 片 350W 多晶硅单玻组件，总发电量为 576.1kW，项目设计总负荷为 14000kVA，考虑 0.85 的功率因数，则可再生

能源提供的电量比例 =576.1/（14000×0.85）=4.84%

五、节水

室外用水的场景有如绿化灌溉、活动场地冲洗等，需要消耗大量的生活用水。减少生活用水用量的途径有两个，一是源头减少，如选用灌溉需求少的植物，同时，优化灌溉方式，如采用节水灌溉；二是选用替代水源，用回收的雨水进行灌溉。

1　绿化灌溉和空调冷却水（条文 7.2.11）

节水灌溉的主要方式有喷灌、微灌等，是指根据植物生长的需水规律和当地的供水条件，高效利用灌溉水，以取得最佳经济效益、社会效益和生态效益的综合灌溉措施[21]。

公共建筑集中空调系统的冷却水补水量占据建筑物用水量的 30%～50%[9]，量非常大。冷却塔的水量损失有四种：蒸发损失、风吹飘逸损失、排污损失和渗漏损失。排污损失的占比很高，应尽量限制。水在循环过程中，由于蒸发、飘逸等造成水量的损失，盐分在未蒸发的水体中浓度越来越高，最终会在蒸发的冷凝器上结垢，此外，空气中的尘埃也会集结在循环水中，降低系统的使用效率。所以，每隔一段时间，冷却塔需要排除盐分高的循环水，补充新鲜水。

A 评价

7.2.11 绿化灌溉及空调冷却水系统采用节水设备或技术，评价总分值为 12 分，并按下列规则分别评分并累计：

1 绿化灌溉采用节水设备或技术，并按下列规则评分：

1）采用节水灌溉系统，得 4 分；

2）在采用节水灌溉系统的基础上，设置

土壤湿度感应器、雨天自动关闭装置等节水控制措施，或种植无需永久灌溉植物，得6分。

2 空调冷却水系统采用节水设备或技术，并按下列规则评分：

1）循环冷却水系统采取设置水处理措施、加大集水盘、设置平衡管或平衡水箱等方式，避免冷却水泵停泵时冷却水溢出，得3分；

2）采用无蒸发耗水量的冷却技术，得6分。

B 策略

该条文分为两个得分点，分别针对绿化景观和空调用水，跨度较大。条文7.2.11有关绿化灌溉的评价是完全技术导向的评价条文，评价分两步，呈递进的层次关系。当采用了喷灌、微灌等节水灌溉的方式时，即可得到第一步的分数。在采用了节水灌溉的基础上，如果运用了根据气候变化而调整的控制装置，或者种植无需永久灌溉的植物[①]，可以得到第二步的分数。

（1）绿化节水灌溉在民用建筑中多用喷灌，结合具体的工程项目也有微灌形式，如微喷灌、滴灌、渗灌、低压管灌等。

（2）无须永久浇灌植物：适应当地气候，仅依靠自然降雨即可维持良好的生长状态的植物，或在干旱时体内水分丧失，全株呈风干状态而不死亡的植物。无须永久浇灌植物仅在生根时需要浇灌，不需要设置永久性浇灌系统，当50%以上绿化面积种植了无须永久浇灌植物，其他部分绿化采用了节水灌溉方式，亦可得分。

冷却水循环由冷却泵、冷却水管道、冷却水塔等组成。冷却水向大气换热的过程中，

---

① 根据《绿色建筑评价标准技术细则》（2019），无须永久灌溉的植物是指适应当地的气候，仅依靠自然降雨即可维持良好生长状态的植物，或者在干旱时，体内水分丧失，全株呈风干状态而不死亡的植物。无须永久灌溉的植物仅在生根时需要进行人工灌溉，因而不需要设置永久的灌溉系统，但临时的灌溉系统应在安装一年后移走[6]。

会通过蒸发、飘洒等现象有所耗损，为了持续带走室内热量，就必须向冷却塔不断补充水分。条文7.2.11的目的就在于采取措施减少冷却水的消耗。对冷却节水的建议体现在两个层面，一是冷却水空调系统节水，二是使用无需冷却水的空调系统，前者得分3分，后者得6分。使用了冷却水的空调系统可以采用物理和化学的方法降低排污损失和渗漏损失：采用化学手段，如采用化学加药的装置可以改善水质，减少排污的需求，降低排污时的水量损失；使用加大的集水盘等防渗措施，可以减少水的飞溅，避免机器设备停止、启动时的溢出渗漏。"无蒸发耗水量的冷却技术"即无需冷却水的空调系统包括常见的分体空调、风冷式多联机、地源热泵等措施减少冷却水损耗的措施有：

（1）通过冷源机组与冷却水系统的优化选型，提高冷却塔综合制冷性能系数。

（2）采取措施确保冷却水水质，如冷凝器自动在线清洗，臭氧处理、化学加药等，提高换热效率减少排污耗水量。

（3）为避免循环冷却水泵停泵时冷却水溢出，需要分别校核积水盘有效容积、冷却塔集水盘浮球阀至溢流口段的安全容积。

（4）冷却塔选用符合现行国家标准《节水型产品通用技术条件》GB/T 18870要求的产品机械通风塔，循环水量 > 1000m^3/h，飘水率 ≤ 0.005%；循环水量 ≤ 1000m^3/h，飘水率 ≤ 0.01%。

（5）尽可能采用无蒸发耗水量的冷却技术，如多联机、分体空调等。

（6）冷却塔宜采用变频风机或其他方式进行风量调节。

此外，冷却塔应设置在空气流通条件较好、不受污浊气体影响的场所。如冷却塔设置在屋顶，不宜对其过渡遮挡，且避免放置在热空气、厨房油烟排风口。

2 景观水体（条文 7.2.12）

由于使用不能市政供水或地下井水，根据条文 5.2.3，景观水体在采用中水、雨水等非传统水源时也应当满足水质要求。不同水景功能根据人体与水的接触程度划分，具有不同的标准要求，例如，非直接接触、观赏性的水体，可参照《城市污水再生利用 景观环境用水水质》GB/T 18921 进行充水；全身接触、娱乐性的水体，可参照《生活饮用水卫生标准》GB 5749 充水[6]。

A 评价

7.2.12 结合雨水综合利用设施营造室外景观水体，室外景观水体利用雨水的补水量大于水体蒸发量的 60%，且采用保障水体水质的生态水处理技术，评价总分值为 8 分，并按下列规则分别评分并累计：

1 对进入室外景观水体的雨水，利用生态设施削减径流污染，得 4 分；

2 利用水生动、植物保障室外景观水体水质，得 4 分。

B 策略

本条文得分有一个前提条件，景观水体需要用雨水进行补水，且补水量不少于蒸发量的 60%。在此前提下，采用生态水处理方式进行水质管理，才可以获取分数。两种水质管理方式，一方面控制进入水体前的雨水，另一方面是水体本身自净，两种途径。不设计景观水体可直接得分，不采用雨水补水，即便采取了生态水质控制措施亦不能得分。

雨水是优质的再生水，但也仍然存在污染。《标准》2019 条文 7.2.12 第 1 个指标建议，对于从屋面和道路、硬地汇水进入水体的雨水，先经过绿地进行生态化处理后再进入景观水体，充分利用植物和土壤的渗透过滤作用降低污染。研究人员对比不同的屋面材料对雨水的污染情况，发现屋面汇水的初期径流污染物浓度很高，尤其是采用沥青油毡的屋面。此外，研究人员还发现采用生态化系统能够对雨水起到自然净化的作用，使雨水达到较好的水质，绿地、花坛、池塘等天然蓄水设施或者透水性地面、渗透井等设施可以降低雨水的污染。尽管经由油毡屋面的雨水受到污染，但是经过 1m 厚的天然土层渗透，污染物化学需氧量（Chemical Oxygen Demand，COD）去除率达到 60%[22]。

条文 7.2.12 第 2 个指标建议通过水生动、植物对水体进行净化。水体的富营养化是源于水体中有过量的营养物质（如氮 N、磷 P 等），在温度和光照作用下，水体中的藻类大量繁殖，使得景观水体的水质下降，失去资源和景观价值。富营养化水体的净化技术主要有物理法、化学法和生物法[23]，《标准》2019 建议优先使用生物法（例如，利用鲢鱼、鳙鱼等鱼类直接滤食浮游植物，可以有效地净化营养化的水体），该方法不易产生二次污染，并且廉价、易于操作。

3 非传统水源（条文 7.2.13）

非传统水源在绿色建筑中通常指雨水、中水，其中中水可以是市政中水也可以是自建中水站。

A 评价

7.2.13 使用非传统水源，评价总分值为 15 分，并按下列规则分别评分并累计：

1 绿化灌溉、车库及道路冲洗、洗车用水采用非传统水源的用水量占其总用水量的比例不低于 40%，得 3 分；不低于 60%，得 5 分；

2 冲厕采用非传统水源的用水量占其总用水量的比例不低于 30%，得 3 分；不低于 50%，得 5 分；

3 冷却水补水采用非传统水源的用水量占其总用水量的比例不低于 20%，得 3 分；不低于 40%，得 5 分。

B 策略

根据项目所在地气候条件、项目市政条

件等，合理选择非传统水源利用方案。项目不设置冷却补水系统，第3款可直接得分。"采用非传统水源的用水量占其总用水量的比例"指项目某部分杂用水采用非传统水源的用水量占该部分杂用水总用水量的比例，非传统水源用水量和总用水量均为年用水总量。例如，回收雨水用作项目绿化灌溉的比例。

设计阶段年用水量由设计平均日用水量和用水时间计算得出，节水用水定额参考现行国家标准《民用建筑节水设计标准》GB 50555；运行1年之后的项目，考察用水量实测值，因此在设计阶段时，需要将各类用水、补水设计安装计量水表。

根据国家相关标准的强制性要求，室外景观水体的补水不能使用自来水或地下水，只能使用非传统水源[6]，如雨水，建筑中水等。

作为一种可以利用的水资源，雨水与其他污水、废水相比，其水质较干净，是非常优质的再生水来源。首先，雨水的收集较为简单。雨水的收集不需要额外增加专用的雨水收集管道，原有的雨水排水管道仍然可以利用，只需要在雨水排水管的末端设置雨水调节池。其次，雨水的处理工艺较为简单。雨水的水质受到大气质量、降雨时间、地面污染程度、屋面材料等的影响，其中的有机物含量和微生物含量指标低，雨水的主要污染物是颗粒物和少量的有机物，经过处理后的雨水达到相关规范的要求时，可以用作绿化灌溉、道路等室外场地的冲洗。

雨水收集的途径有三种：道路（及地面层的公共区域）、绿化、屋面。其中，屋面雨水的汇集面集中，容易收集，并且，雨水水质相对更好，主要杂质是一些固体颗粒；受污染比较严重的是道路及相关的公共地面汇集的雨水，汇水的面积分散，因此受污染面大，降雨初期汇水的水质差；绿化区域汇集的雨水，其特点是经过绿化表面的沉积、渗透、过滤，

泥沙含量少，但是这种雨水的成分复杂，例如，雨水中会含有较多的肥料，植物腐烂形成的腐殖质和其他可溶性的物质。

相关阅读

海绵城市的建设目的是通过建筑与小区、城市道路、城市绿地与广场、城市水系等城市建设细分领域的规划编制，缓解城市内涝、削减城市径流的污染负荷、节约水资源、保护和改善城市的生态环境。

相同面积的绿地和硬地，排水能力相差7～8倍。绿地的雨水径流系数是0.15，伴随着城市开发，地面上覆盖了水泥或者沥青，或者建设了房子，径流系数一般在0.9左右，这就意味着雨水降落下来，除却蒸发的水分，只有10%可以渗透到地下，而90%的雨量需要依靠市政的排水管网。在雨水充沛的夏季，伴随着短时间的暴雨，大量的雨水对市政设施造成了巨大的压力，因此，近几年，城市内涝的新闻屡见报端。

海绵城市是指城市在适应环境变化和应对自然灾害等方面具有良好的"弹性"，像海绵一样，下雨时吸水、蓄水、渗水、净水，需要时将蓄存的水释放并加以利用。一方面，城市建设过程中应当建设绿色雨水基础设施，另一方面，应当选择配置合适的植物物种。绿色雨水基础设施和景观植物设计相辅相成，雨水设施创造适宜植物生长的环境，景观植物充分发挥植物在调蓄径流、净化水质和美化水体景观等方面的作用。

植物的选取首先应因地制宜，根据当地气候、水文条件选择乡土植物，不应选择入侵物种；其次，应当优先选择耐水湿、抗污染、根系发达的植物；第三，选择容易栽培，成活率高，维护简单的植物；第四，速生品种和慢生品种相结合，近期、远期效果兼顾。

参考文献

[1] 中华人民共和国住房和城乡建设部 . 公共建筑室内空气质量控制设计标准 JGJ/T 461[S]. 北京：中国建筑工业出版社，2019.

[2] 杨振洲，蔡同建 . 室内甲醛的危害及其预防 [J]. 中国公共卫生，2003（06）：137-140.

[3] 李启东，汤鸿 . 室内环境空气质量研究进展 [J]. 上海环境科学，2001（10）：463-466+508.

[4] 戴天有，刘德全，曾燕君，et al. 装修房屋室内空气的污染 [J]. 环境科学研究，2002（04）：27-30.

[5] 中华人民共和国国家质量监督检验检疫总局 . 室内空气质量标准 GB/T 18883[S]. 北京：中国标准出版社，2003.

[6] 中华人民共和国住房和城乡建设部 . 住宅建筑室内装修污染控制技术标准 JGJ/T 436[S]. 北京：中国建筑工业出版社，2018.

[7] 王清勤，韩继红，曾捷 . 绿色建筑评价标准技术细则 2019[M]. 北京：中国建筑工业出版社，2020.

[8] 郭春梅，赵珊珊，赵一铭，et al. 我国居住建筑室内 PM 2.5 研究现状及进展 [J]. 环境监测管理与技术，2018，30（04）：12-17.

[9] 邵龙义，时宗波，黄勤 . 都市大气环境中可吸入颗粒物的研究 [J]. 环境保护，2000（01）：24-26+29.

[10] USGBC. LEED：Reference Guide for Building Design and Construction[M]. Washington，2013.

[11] TIAN Z，ZHANG X，JIN X，et al. Towards adoption of building energy simulation and optimization for passive building design：A survey and a review[J]. 2018. DOI：10.1016/J.ENBUILD.2017.11.022.

[12] 江亿 . 建筑节能与生活模式 [J]. 建筑学报，2007（12）：11-15.

[13] 季永明，端木琳，王宏彬等 . 大连地区新建居住建筑气密性实测 [J]. 暖通空调，2015，45（01）：13-18.

[14] 丰晓航，燕达，彭琛等 . 建筑气密性对住宅能耗影响的分析 [J]. 暖通空调，2014，44（02）：5-14.

[15] 羊烨，鲍莉 . 运用有限元法计算热桥对围护结构热工性能的影响 [J]. 建筑技术开发，2016，043（003）：58-60,62.

[16] JOHNANNES V，MICHAEL P，TIMO S. Wärmebrücken：erkennen-optimieren-berechnen-vermeiden[M]. Köln：Rudolf Müller，2012.

[17] 马素贞 . 绿色建筑技术实施指南 [M]. 第 1 版 . 北京：中国建筑工业出版社，2016.

[18] 中华人民共和国住房和城乡建设部 . 绿色建筑评价标准 GB/T 50378[S]. 北京：中国建筑工业出版社，2019.

[19] 车武，汪慧珍，任超等 . 北京城区屋面雨水污染及利用研究 [J]. 中国给水排水，2001（06）：57-61.

[20] 向文英，王晓菲 . 不同水生动植物组合对富营养化水体的净化效应 [J]. 水生生物学报，2012，36（04）：792-797.

第五章　计算和模拟

在绿色建筑评价中，容积率、绿地率等建筑类的指标，可达性类的指标等可以通过简单的数理计算，统计测量获得。但是，室内外环境的性能指标则需要计算机模拟的辅助。

建筑的室外环境、室内环境受到多种因素的影响，这也导致建筑单体的负荷、能耗等性能测算的复杂性。例如，建筑室内的热环境受室外因素（包括太阳辐射、气温、空气流动等）和室内因素（包括人员活动、设备运行等）的影响，因此，室内热环境的计算和预测是动态的，往往需要计算机的辅助。

典型的计算机辅助计算是日照分析。通过输入建设项目当地的太阳辐射角度和时间，对给定建筑条件的设计方案进行日照时间的测算，达到预测建成后建筑室内空间获得太阳辐射的时间。日照计算目前已经广泛用于辅助建筑设计和建筑审查。除日照分析，与绿色建筑环境性能相关的模拟还有风、光、热环境等的计算。

绿色建筑的环境模拟是辅助建筑物绿色分析的有效工具，用于指导绿色建筑的优化设计，例如测算各种被动式建筑策略对建筑形式和性能的交叉影响；同时，环境模拟也是评价绿色建筑性能的重要工具和依据，已经成为绿色建筑评价的必要手段。

本章节对模拟的介绍与前文绿色性能的内容相对应，分成室外、室内环境以及建筑单体 3 个部分。室内、室外环境包括风、光、热环境，建筑单体则主要指围护结构的性能，具体内容和使用的计算工具见表 5-1。

模拟内容和模拟工具　　　　表 5-1

	模拟工具	本书重点介绍的工具
气象数据可视化	《中国建筑热环境分析专用气象数据集》软件、Ecotect Weather Tool、Climate Consultant、Elements、Ladybug 等	《中国建筑热环境分析专用气象数据集》软件、Ecotect Weather Tool、Climate Consultant、Elements、Ladybug（基于 Rhino 和 Grasshopper）
热岛	手动算法；CFD 模拟算法，常用软件有 ANSYS Fluent、PHOENICS、STREAM、STAR-CCM+、OpenFOAM、Airpak 等	Airpak
日照、采光	Ecotect、Radiance、Ladybug（基于 Rhino + Grasshopper）	Ecotect
室外风环境、自然通风、气流组织	ANSYS Fluent、PHOENICS、STREAM、STAR-CCM+、OpenFOAM、Airpak 等	Airpak
负荷、能耗	EnergyPlus、OpenStudio、DesignBuilder、eQuest、IES VE、DeST、Honeybee 及鸿业和天正负荷计算软件等	DesignBuilder

一、室外环境

1　气候的可视化

1）气象数据的来源

（1）中国建筑热环境分析专用气象数据集

《中国建筑热环境分析专用气象数据集》是由中国气象局气象信息中心气象资料室与清华大学建筑技术科学系共同编著完成，该气象数据集是以中国气象局气象信息中心气象资料室收集的全国 270 个地面气象站 1971—2003 年的实测气象数据为基础，通过分析、整理、补充原数据以及合理的插值计算而得来。它包含了全国 270 个台站的设计用室外气象参数、典型气象年的全年逐时数据以及设计典型年的全年逐时数据，而每个台站的典型气象年数据又包括气温（空气干球温度）、湿球温度、相对湿度、风向、风速、总辐射、散射辐射等，这些数据可以从本数据集的光盘中获得（注：本数据集中典型气象年数据在学术上称为"中国标准年 CSWD"，以区别于"中国典型年 CTYW"与"中国典型气象年 CNTMY"）。

其中"典型气象年"的定义为："以近 30 年的月平均值为依据，从近 10 年的资料中选取一年各月接近 30 年的平均值作为典型气象年。由于选取的月平均值处于不同的年份，资料不连续，还需要进行月间平滑处理"。典型气象年由 12 个典型气象月组成，每个典型月是在选择期（通常为 10 ~ 30 年）内选取最能代表当地该月气候规律的月份，因此，各月之间的衔接出现不连续、突变等情况，所以还需采用一定的数据平滑措施来改进数据的连续性。

《中国建筑热环境分析专用气象数据集》中的气象数据导出方法如下（以上海为

例）：①安装该数据集光盘中的软件"SETUP.EXE"；②打开安装完成后的中国建筑热环境分析专用气象数据集软件；③地点选择上海，可以在其自带地图上点选，也可以通过下拉框选择；④在气象参数数据类型下拉框中选择"典型气象年逐时数据"，并点击输出，如图 5-1 所示；⑤随后弹出"输出选项"，选择需要的气象参数，默认全选；⑥点击"确定"，典型气象年数据输出并储存在 Excel 表格中。

（2）EnergyPlus Weather Data 网站

EnergyPlus Weather Data 网站的网址为 https：//energyplus.net/weather，如图 5-2 所示。目前，该网站提供了全球 2100 多个地点以 EnergyPlus 天气格式（.epw）的气象数据，该格式气象数据通过性强，其本身不仅可以用于很多模拟软件，而且还可以通过转换工具转换成其他格式，用于其他模拟分析软件。

EnergyPlus Weather Data 网站可以下载中国各主要城市的气象数据，一般每个中国城市都会有一个中国标准年 CSWD（Chinese StandardWeather Data）气象数据，有些城市可能还会有国际能量年 IWEC（International Weather for Energy Calculations）气象数据或者太阳和风能资源评估中心 SWERA（Solar and Wind Energy Resource Assessment），如图 5-3 所示，上海的气象数据类型包括 CSWD、IWEC、SWERA，而大同仅有 CSWD 类型，由此也可以看出中国标准年 CSWD 气象数据最常用。

点击所需要城市的气象数据类型即可进入下载页面。比如我们需要上海的 CSWD 类型气象文件，那么就点击如图 5-3 中的"Shanghai Shanghai 583620（CSWD）"，并选择"epw"，随后就下载了"CHN_Shanghai.Shanghai.583620_CSWD.epw"，如图 5-4 所示。

（3）气象网站

另外一种方法是到一些可以查询历史天气的气象网站下载气象数据，见图 5-5，此

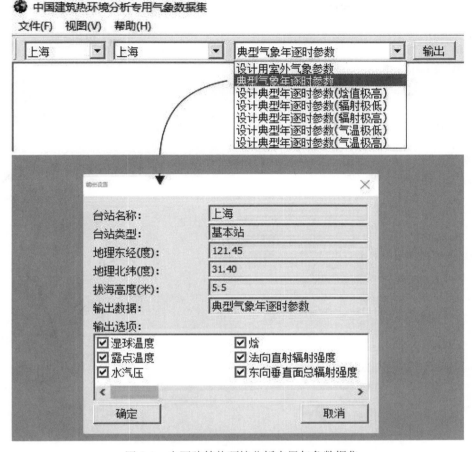

图 5-1 中国建筑热环境分析专用气象数据集

类网站的气象数据虽然没有前两种齐全，仅包含逐日的最低温度、最高温度、空气质量指数等，但是这些数据都是近几年的，贴近实际，参考意义较大。结合气象网站的数据，可以对采用典型气象年气象数据模拟分析出来的结果进行修正，这样更具有指导意义。

2）气候数据的分析工具

在做建筑所在地的气候数据分析时可以采用的小软件有很多，例如：Weather Tool（Weather Manager）、Climate Consultant、Elements、Ladybug 等。

（1）Weather Tool（Weather Manager）

Weather Tool 和 Weather Manager 是 Ecotect 自带的气象文件转换和分析工具，Weather Tool 仅比 Weather Manager 多了"Solar Position"和"Psychrometry"功能，其他功能均一样，如图 5-6 所示。它们支持多种常用气象文件格式，如".wea"、".epw"、".wfl"、".csv"等。Ecotect 软件自带小部分城市的气象文件，一般来说，在 EnergyPlus Weather Data 网站上可以下载到更多城市的气象数据，其格式为".epw"，该格式气象文件可以直接导入 Weather Tool 来分析气象数据，若将其用于 Ecotect 模拟分析，则需要通过 Weather Tool 将".epw"格式气象文件另存为".wea"格式气象文件。

如图 5-7 所示，打开电脑左下角的"开始"→"Autodesk"→"Ecotect Analysis 2011"

Weather Data

Weather data for more than 2100 locations are now available in EnergyPlus weather format — 1042 locations in the USA, 71 locations in Canada, and more than 1000 locations in 100 other countries throughout the world. The weather data are arranged by World Meteorological Organization region and Country.

View Weather Data

Select a region below to view weather data.

| Africa (WMO Region 1) |
| Asia (WMO Region 2) |
| South America (WMO Region 3) |
| North and Central America (WMO Region 4) |
| Southwest Pacific (WMO Region 5) |
| Europe (WMO Region 6) |

Search Weather Data

Keyword Search

Search

Browse Weather Data

Click on the markers in the map below to access weather data.

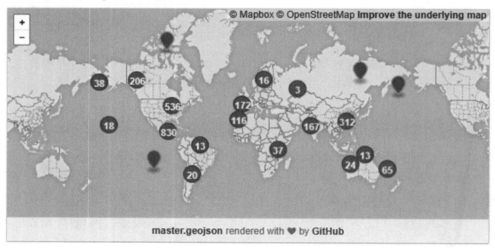

图 5-2　EnergyPlus Weather Data 网站界面

| Shanghai Shanghai 583620 (CSWD) |
| Shanghai Shanghai 583620 (SWERA) |
| Shanghai Shanghai 583670 (IWEC) |
| Shanxi Datong 534870 (CSWD) |

图 5-3　上海和大同的气象数据类型

文件夹，即可进入 Weather Tool 和 Weather Manager，其中虚线框的 Solar Tool 的功能和 Weather Tool 中的"Solar Position"功能类似。如图 5-8 所示，在 Ecotect 主界面工具栏中的点击地球形状的图标，然后点击"Convert Weather Data..."也可进入 Weather Manager。

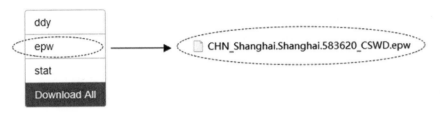

Click on a file to download.

图 5-4　气象数据下载页面

日期	天气状况	气温	风力风向
2019年10月01日	暴雨 /大雨	25℃ / 22℃	东北风 6-7级 /东北风 6-7级
2019年10月02日	阴 /多云	27℃ / 21℃	西北风 3-4级 /西北风 3-4级
2019年10月03日	多云 /多云	30℃ / 23℃	南风 1-2级 /南风 1-2级

日期	质量等级	AQI指数	当天AQI排名	PM2.5	PM10	So2	No2	Co	O3
2019-10-01	优	19	15	12	14	5	17	0.44	26
2019-10-02	优	18	8	9	17	6	19	0.54	35
2019-10-03	优	29	45	17	28	7	37	0.68	35

图 5-5　气象网站的历史天气信息

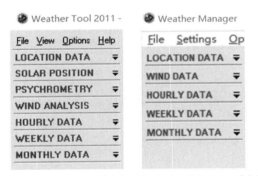

图 5-6　Weather Tool（左）和 Weather Manager（右）的功能区别

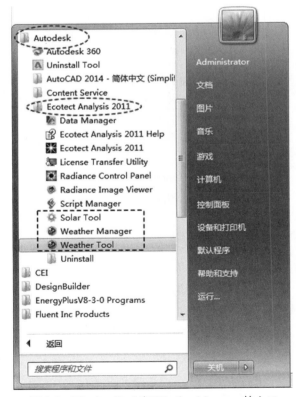

图 5-7　Weather Tool 和 Weather Manager 的入口

由于 Weather Tool 的功能更全，下面仅对 Weather Tool 进行简要介绍。Weather Tool 软件界面如图 5-9 所示，包括菜单栏、功能区、查看工具栏、气象数据分析结果展示区、气象数据栏。其中功能区包括：Location Data（地理数据）、Solar Position（日轨分析）、Psychrometry（焓湿图）、Wind Analysis（风力风向分析）、Hourly Data（逐时数据）、Weekly Data（逐周数据）、Monthly Data（逐月数据）。

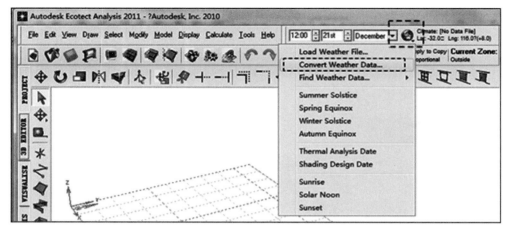

图 5-8　Ecotect 中 Weather Manager 的入口

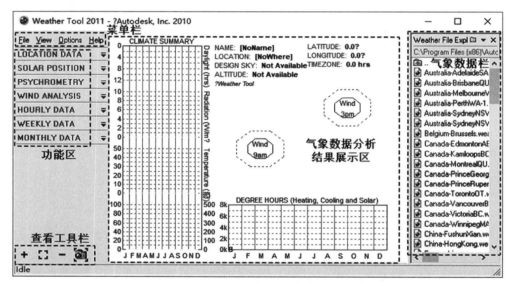

图 5-9　Ecotect 中 Weather Tool 工具界面

通过"File"→"Open"可以载入气象数据，然后可对其进行查看分析、编辑、转换格式等。

（2）Climate Consultant

Climate Consultant 是一个简单易用的小软件，它可以帮助建筑师、建筑商、承包商、房主和学生快速了解某地区的气候。它可以将 .epw 格式的气候数据以图形化显示，其目的并不是简单地绘制气候数据，而是以易于理解的方式组织和表示这些信息，以显示气候的属性及其对建筑形式的影响，其目标是帮助用户创造出更节能、更可持续的建筑。

Climate Consultant 的功能类似 Weather Tool，此处不再详述，其界面如图 5-10 所示。

（3）Elements

Elements 是一个免费的、开源的、跨平台的软件工具，用于创建和编辑用于建筑能源建模的自定义气象文件。它不仅可以读写常用的天气格式文件如 ".epw" 文件和用于 DOE-2 的 ".bin" 文件，还提供了类似于 Excel 的智能编辑界面，可轻松实现数据的偏移、同比例缩放、国际单位与英制单位的转换等操作，如图 5-11 所示，并且支持天气数据的可视化，可以以图像的方式显示气象数

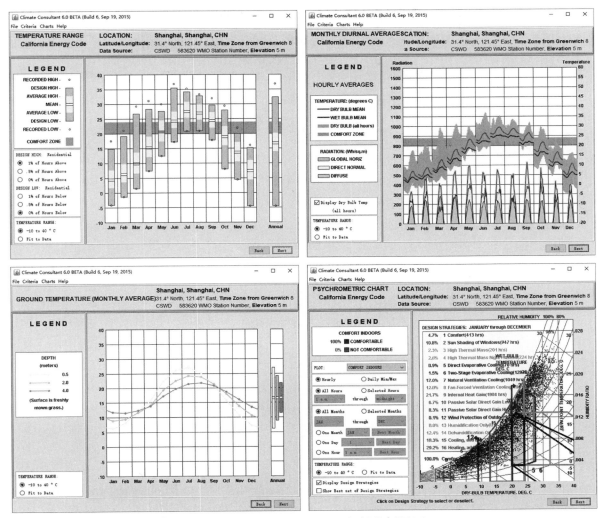

图 5-10　Climate Consultant 气候分析界面

据信息，如图 5-12 所示。

（4）Ladybug（基于 Rhino 和 Grasshopper）

Ladybug 是基于 Rhino 和 Grasshopper 平台的一个插件，它是目前比较流行、前卫并且功能强大的气象数据分析工具。通过 Ladybug 可以实现气象数据的绘制、日轨分析、建筑物的阴影分析、太阳辐射分析、视野分析、焓湿图分析、室外舒适区分析等，如图 5-13 所示。Ladybug 与可视化编程环境（Rhino 和 Grasshopper）的集成，实现了设计修改的即时反馈和高度定制，这种灵活性正是 Ladybug 的强大之处。有关 ladybug 的详细介绍，请参考其官网信息，其网址为 https：//

www.ladybug.tools/。

3）气象数据分析

下面采用 Ecotect 中的 Weather Tool 工具为例进行简要说明。打开气象数据后，如图 5-14 中的"Location Data"和"数据展示区"所示，显示其气象概要信息，包括经纬度、时区、海拔高度、Daylight、Radiation、Temperature、Wind、Degree Hours 等。

（1）日轨分析

点击功能区的"Solar Position"，进入日轨分析模块，该模块下的"Display Type"可以设置日轨的显示类型与显示格式来表达不同的信息，如图 5-15 所示，比如 Orthographic

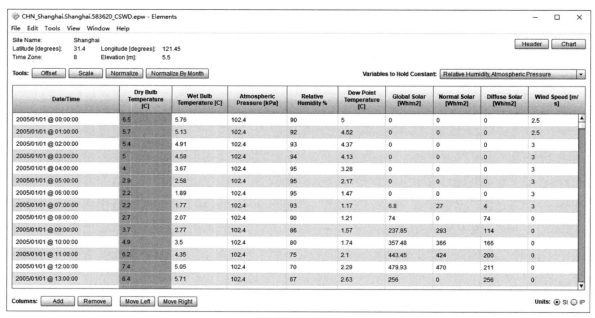

图 5-11　Elements 中气象数据编辑与修改界面

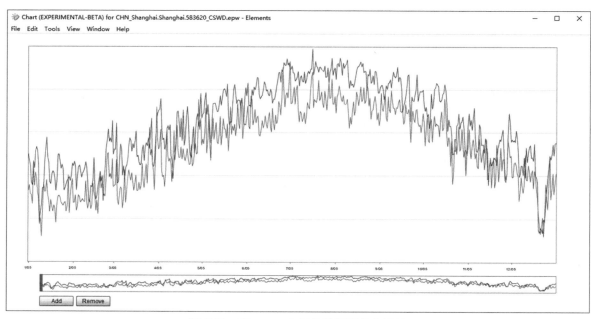

图 5-12　Elements 中气象数据图像化显示

Projection（直角投影、平面视图）、Stereo-graphic Projection（赤平极射投影、立体视图）、Tabulated Data（汇总数据），其中前两个视图还可以通过"Overlay Hourly Data"，在各自的视图上显示以不同颜色区分的逐时数据。功能区的"Solar Position"面的 Solar Radiation 和"Display Type"菜单中的 Annual

Solar Radiation 功能一样，显示了全年每天的太阳总辐射，其中粗线为平均太阳辐射，细线为日总太阳辐射，如图 5-16 所示。拖动 Solar Radiation 上方的朝向刻度条，可以显示不同朝向的太阳辐射，点击 Solar Radiation 右侧">>"按钮则会自动循环逐个显示每个角度的太阳辐射情况，再次点击">>"按钮则

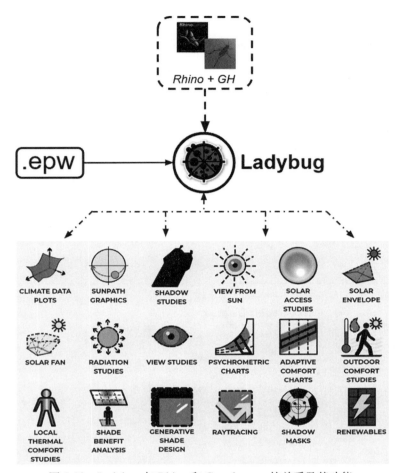

图 5-13　Ladybug 与 Rhino 和 Grasshopper 的关系及其功能

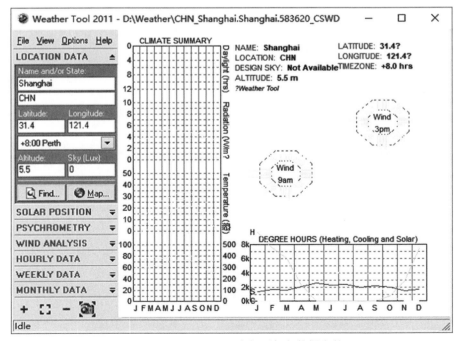

图 5-14　Weather Tool 中打开气象数据文件

会定格在当前角度。另外，通过该功能区中的"Best Orientation..."可以进行最佳朝向分析，点击该按钮后在弹出对话框中选择最冷和最热月份，软件自动分析计算出最佳朝向与最差朝向。

（2）焓湿图分析

人的活动离不开空气，而空气的状态参数（干球温度、湿球温度、相对湿度、含湿量、焓等）与人们对周围空气的感觉息息相关，空气温度高、相对湿度大人们会感觉闷热，而空气温度低、相对湿度小人们会感觉干冷。通过 Weather Tool 功能区中的"Psychrometry（焓湿图）"，以热舒适区（Comfort Zone）作为建筑热环境设计的目标，通过设置各种主动式设计策略和被动式设计策略，来分析这些策略的扩大的舒适区范围。例如，对于被动式太阳能采暖（Passive Solar Heating）来说，当室外空气状态点在 Passive Solar Heating 包围区内时，Passive Solar Heating 的策略是有效的，图 5-17 显示了 Passive Solar Heating 等 6 种设计策略的扩大舒适区。

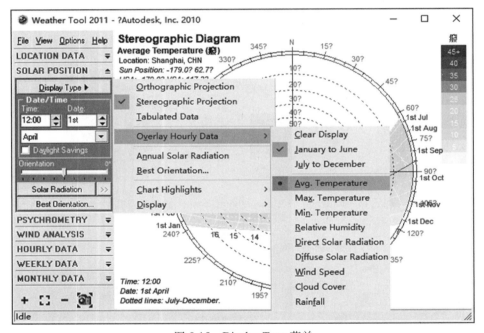

图 5-15 Display Type 菜单

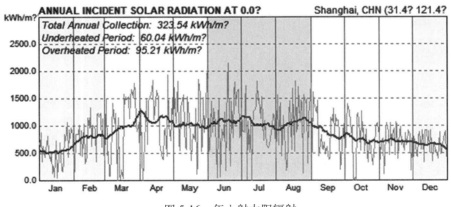

图 5-16 年入射太阳辐射

（3）风速风向分析

风速与风向与人们的生活息息相关，室外空气的流动不仅可以对小区内的空气环境进行更新，还影响到每家住户的室内自然通风，因此在设计时需要了解地区的风速与风向的特征。Weather Tool 提供了分析风速和风向的功能模块"Wind Analysis"，通过该模块，我们可以快速地得到任何季节、任何月份、任何时段的风力特征，如图 5-18 所示。

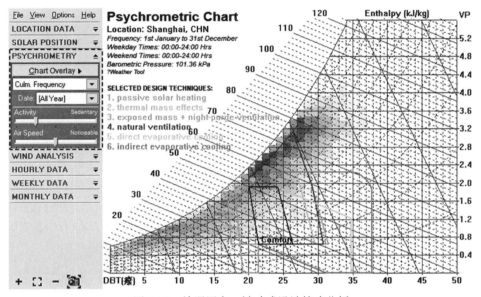

图 5-17　焓湿图主、被动式设计策略分析

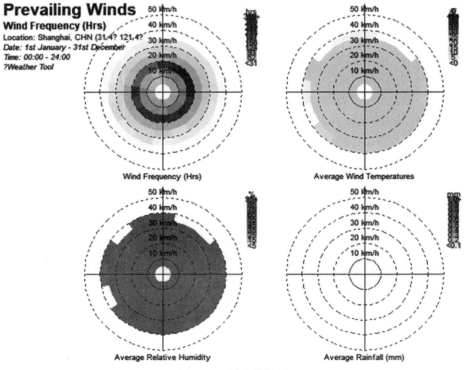

图 5-18　风力特征图

2 热岛

热岛是由于人们改变城市地表而引起小气候变化的综合现象，是城市气候最明显的特征之一。由于城市化的速度加快，城市建筑群密集、柏油路和水泥路面比郊区的土壤、植被具有更大的热容量和吸热率，使得城区储存了较多的热量，并向四周和大气进行辐射传热，造成了同一时间城区气温普遍高于周围的郊区气温，高温的城区处于低温的郊区包围之中，如同汪洋大海中的岛屿，人们把这种现象称之为城市热岛效应。

建筑的热环境不仅和气流流动有关系，同时还和建筑周围的辐射系统有关。受建筑设计中建筑密度、建筑材料、建筑布局、绿地率和水景设施等因素的影响，建筑周围气温有可能出现"热岛"现象。"热岛"现象在夏季的出现，不仅会使人们高温中暑的机率变大，同时还促使光化学烟雾的形成，加重污染，并增加建筑的空调能耗。合理地建筑设计和布局，选择高效美观的绿化形式（包括屋顶绿化和墙壁垂直绿化）及水景设置，可有效地降低热岛效应，获得清新宜人的室内外环境。因此在设计阶段，应对建筑周围热环境做出评价，分析是否存在严重的热岛现象。

对于热岛强度的模拟计算有两种算法，第一种为手动算法，第二种为CFD模拟算法。对于第一种算法，在《城市居住区热环境设计标准》JGJ 286—2013 中的第5.0.2条有详细介绍，居住区夏季平均热岛强度应按下式进行计算：

$$\overline{\Delta t_{a\,夏季}} = \sum_{\tau_1}^{\tau_2} [t_a(\tau) - t_{a\cdot TMD}(\tau)]/11$$

式中：$t_a(\tau)$——北京时 τ 时刻居住区设计的空气温度（℃），其算法详见《城市居住区热环境设计标准》JGJ 286—2013 附录 B；

$t_{a\cdot TMD}(\tau)$]——北京时 τ 时刻居住区所在城市或气候区的典型气象日空气干球温度（℃），其取值详见《城市居住区热环境设计标准》JGJ 286—2013 附录 A；

τ_1、τ_2——平均热岛强度统计时段的起、止时刻（北京时 h），平均热岛强度的统计时段应为当地的地方太阳时（8：00 ~ 18：00）h，所对应的北京时的统计时段 $\tau_1 \sim \tau_2$ 详见《城市居住区热环境设计标准》JGJ 286—2013 附录 C。

第二种算法为 CFD 模拟算法，《民用建筑绿色性能计算标准》JGJ/T 449—2018 第 4.3.1 条规定其计算可以基于计算流体力学（CFD）的分布参数或集总参数方法，下文将对采用 CFD 模拟热岛强度做详细介绍。而 CFD 模拟分析软件有很多，比如 ANSYS Fluent、PHOENICS、STREAM、STAR-CCM+、OpenFOAM、Airpak 等。

1）分析工具简介

（1）ANSYS Fluent

Fluent 是功能强大的计算流体动力学（CFD）软件工具。Fluent 内含经充分验证过的物理建模功能，能为众多的 CFD 模拟和多物理场应用提供快速、精确的结果。其应用领域包括：流体流动、多相流、流固耦合、动网格、传热与辐射、燃烧和化学反应、声学和噪声等。

（2）PHOENICS

PHOENICS 是 Parabolic Hyperbolic Or Elliptic Numerical Integration Code Series 几个字母的缩写，这意味着只要有流动和传热都可以使用 PHOENICS 来模拟计算，是世界上第一套计算流体与计算传热学商业软件。它是国际计算流体与计算传热的主要创始人、英国皇家工程院院士 D.B.Spalding 教授及 40 多位博士 20 多年心血的典范之作。其应用领域包括流体流动、多相流、传热传质、燃烧和化学反应、暖通空调等。

（3）STREAM

STREAM 是通用的结构化网格（直角或圆柱）热流体分析软件，STREAM 在结构化网格划分以及计算速度方面表现卓越。自从1984 年首次发布以来，STREAM 已被用在各种各样的商业应用。多年来，STREAM 功能不断增强，其用途也越来越广泛。STREAM 软件采用了最通用的有限体积法离散模型进行热流体分析。STREAM 可以解决一百万网格模型而仅使用小于 300 MB 的内存。STREAM 被广泛应用于建筑物的环境控制分析，包括影响环境的室内外空气以及热流场分析，STREAM 在建筑界，尤其是日本的建筑界应用非常广泛。

（4）STAR-CCM+

STAR-CCM+ 不仅仅只是一个 CFD 求解器，它还是一个解决流体或固体流、传热和应力等相关问题的完整工程过程。它在解决与多物理和复杂几何形状相关的问题方面拥有无可比拟的优势。此外，STAR-CCM+ 可在单个程序环境中利用最少的用户投入生产高质量的结果，帮助用户实现模拟工作流的全自动化，并利用最少的用户互动执行迭代设计研究。其应用领域包括：流动、传热、应力、噪声、多相流、燃烧等。

（5）OpenFOAM

OpenFOAM 是一个针对不同的流动编写不同的 C++ 程序集合，每一种流体流动都可以用一系列的偏微分方程表示，求解这种运动的偏微分方程的代码，即为 OpenFOAM 的一个求解器。针对一个简单的单相牛顿流体层流运动，icoFoam 即可进行求解。2004 年开始 OpenFOAM 一直作为免费使用的开源软件。其应用领域包括：复杂流体流动、化学反应、湍流流动、换热分析等现象，还可以进行结构动力学分析、电磁场分析等。

（6）Airpak

Fluent airpak 是面向工程师、建筑师和室内设计师的专业领域工程师的专业人工环境系统分析软件，特别是 HVAC 领域。它可以精确地模拟所研究对象内的空气流动、传热和污染等物理现象，它可以准确地模拟通风系统的空气流动、空气品质、传热、污染和舒适度等问题，从而减少设计成本，降低设计风险，缩短设计周期。Fluent airpak 3.0 是国际上比较流行的商用 CFD 软件。Airpak 软件的应用领域包括建筑、汽车、楼房、化学、环境、HVAC、加工、采矿、造纸、石油、制药、电站、打印、半导体、通讯、运输等行业。Airpak 已在如下方面的设计中得到了应用：住宅通风、排烟罩设计、电讯室设计、净化间设计、污染控制、工业空调、工业通风、工业卫生、职业健康和保险、建筑外部绕流、运输通风、矿井通风、烟火管理、教育设施、医疗设施、动植物生存环境、厨房通风、餐厅和酒吧、电站通风、封闭车辆设施、体育场、竞技场、总装厂房等。

在建模方面，Airpak 是基于"object"的建模方式，这些"object"包括房间、人体、块、风扇、通风孔、墙壁、隔板、热负荷源、阻尼板（块）、排烟罩等模型，另外，Airpak 还提供了各式各样的 diffuser 模型，以及用于计算大气边界层的模型。Airpak 同时还提供了与 CAD 软件的接口，可以通过 IGES 和 DXF 格式导入 CAD 软件的几何。在网格划分方面，Airpak 具有自动化的非结构化、结构化网格生成能力，支持四面体、六面体以及混合网格，因而可以在模型上生成高质量的网格，Airpak 还提供了强大的网格检查功能，可以检查出质量较差（长细比、扭曲率、体积）的网格，另外，网格疏密可以由用户自行控制，如果需要对某个特征实体加密网格，局部加密不会影响到其他对象。在计算求解方面，采用全球最强大的 CFD（计算流体动力学）求解器 FLUENT，进行求解。在可视化处理方面，Airpak 还提供了面向对象的、完全集成的后置处理环境，能够可视化显示速度矢量图、温度（湿度、压力、浓度）等值面云图、粒子轨迹图、切面云图、点示踪图等，可以输出图片与动画。

由于 Airpak 建模方便快捷，能够自动生成网格，并且其后处理功能也比较强大，所以下文中的 CFD 模拟均采用 Airpak 软件进行模拟。

2）AirPak 软件使用介绍

（1）AirPak 软件界面

打开 Airpak 软件后主窗口会自动弹出一个对话框，如图 5-19 所示，该对话框中有 4 个按钮，其中"Existing"表示打开现有模型文件，"New"表示新建一个模型，"Unpack"表示解压缩一个模型文件，"Quit"表示退出。点击"New"来创建一个新的 Airpak 模型，在随后弹出的对话框中，选择所要创建模型的储存路径，并命名，即可来到其主界面，如图 5-20 所示。Airpak 软件主界面包括菜单栏、工具栏、导航栏、建模工具条、模型主

窗口、模型属性栏等。

菜单栏中包括"File（文件）"—实现模型的打开、储存、导入、导出、压缩、解压等操作；"Edit（编辑）"—实现对模型的编辑修改等功能；"View（视图）"—实现对模型及软件窗口的显示控制；"Orient（方位）"—实现模型显示的方向与模型显示的大小；"Model（模型）"—实现网格的生成、编辑 CAD 数据和执行其他与模型相关的功能；"Tree（模型树）"—用于实现模型查找、分类、展开与关闭模型节点；"Macros（宏）"—实现高级边界条件的创建、快速创建几何物体、旋转物体；"Solve（模拟）"—用于模拟前的基本设定与模拟求解等；"Post（后处理）"—用于模拟后对模拟结果的处理；"Report（报告）"—输出模拟报告。工具栏中的各个功能按钮均可在菜单栏中找到相应的功能，Airpak 软件将其常用的功能列入工具栏中，更方便大家的使用。

导航栏中包括"Problem Setup（问题设定）"—对所要模拟的对象做基本的设定；

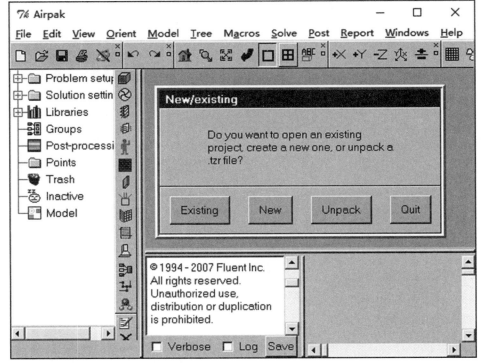

图 5-19　Airpak 初始引导界面

"Solution settings（求解设定）"—对软件求解过程做基本设定；"Libraries（库）"—列出 Airpak 项目中使用的库，默认包含材料（液体、固体和表面）；"Groups（组）"—列出当前 Airpak 项目中的任何对象组；"Post-processing（后处理）"—列出当前 Airpak 项目中的任何后处理对象；"Points（监视点）"—列出当前 Airpak 项目中的任何点监视对象；"Trash（垃圾）"—列出已从 Airpak 模型中删除的任何对象；"Inactive（未激活对象）"—列出在 Airpak 模型中处于非活动状态的任何对象；"Model（模型）"—列出 Airpak 项目的所有活动对象和材质。

建模工具条中包括各种模型的创建，如 Block（体块）、Fan（风扇）、Vent（通风孔）、Opening（洞口）、Person（人）、Wall（墙）、Partition（隔断）、Source（源）、Resistance（障碍物）、Heat exchanger（换热器）、Hood（风罩）等，Airpak 软件提供这些基本模块，极大提高了我们的建模效率，并减少出错。

模型属性栏中显示了当前选择模块的属性信息，如图 5-20 所示，"Room"被选中，

模型属性栏列出了它的几何创建方式、几何信息、属性编辑入口"Edit"等。点击"Edit"可以对该模块进行深入的编辑操作，如基本信息修改、几何模型修改、属性修改、备注信息修改等，如图 5-21 所示。

（2）AirPak 模拟基本流程

简化处理 CAD 底图→导入 CAD 底图→建模及设置模型参数→划分网格→模拟→模拟结果查看与处理（这些步骤将在下文案例中体现）。

（3）AirPak 使用注意事项

Airpak 模拟计算的范围为整个 Room，如图 5-20 所示模型主窗口中的四方体区域，建立的模型若超越 Room 范围则软件会报错，Room 内除了模型以外的区域都被填充为默认流体（通常是空气）。

为了减少模拟过程中软件报错，一般根据模型精度要求，缩减模型各点坐标的小数点位数，对于建筑领域的模型，模型各点坐标保留 2 位小数，对于室外场地的模拟甚至可以保留 1 位小数，如图 5-22 所示。

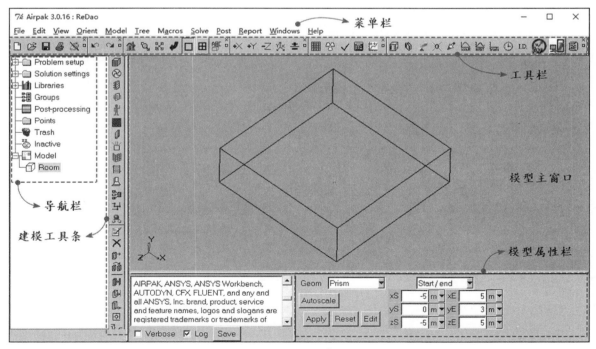

图 5-20　Airpak 主界面

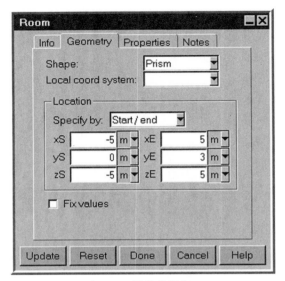

图 5-21　模块编辑窗口

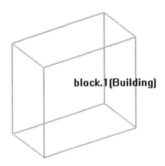

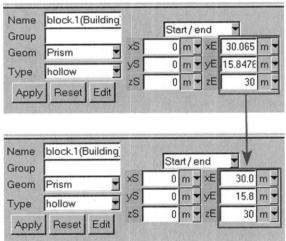

图 5-22　模型的坐标处理

3）热岛模拟（AirPak）

（1）简化处理 CAD 底图

对建筑总平面图和绿化景观图进行简化合并，保留建筑、道路、绿化、水体等对环境温度有较大影响的对象，或者在 CAD 软件中新建图层，在该图层内描绘出上述对象。原则上，对象建筑（群）周边 1H ～ 2H 范围内应按建筑布局和形状准确建模，建筑窗户应以关闭状态建模，无窗无门的建筑通道应按实际情况建模。简化合并完成后另存为 .dxf 格式文件。描绘轮廓时应对细节简化处理，比如圆弧简化为多段线、建筑细部轮廓可以直接简化为直线，如图 5-23 所示，这样做可以减少后期 CFD 模拟时的网格数量，加快 CFD 模拟速度，而且还可以降低 CFD 软件报错的风险。

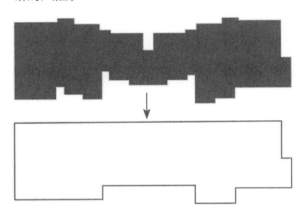

图 5-23　建筑外轮廓线简化

需要注意的是，CAD 中的默认单位是毫米（mm），而 Airpak 的默认单位是米（m），这样在 CAD 中长 1m 的直线导入 Airpak 后会显示为 1000m，因此，在描绘完底图后要将整个 CAD 图形缩小。另外，在简化处理完 CAD 底图完成以后，导出 DXF 格式文件以前，一般要检查绘图区域离原点的距离，该距离不能太远，否则在导入 Airpak 软件以后可能很难发现其在什么地方，并且给建模带来极大的不变，因此需要将 CAD 图形区域移动到原点附近，其 Autodesk CAD 软件中的具体操作步骤为"选中整个区域图形"→"输入快捷命令 m（或者点击移动命令）"→"选中图形区域内的任一点作为移动命令的基点"→"指定 move 命令第二点，这里我们输入（0，0，0），也即是原点"，如图 5-24 所示。

（2）导入 CAD 底图

将简化后的总平面图（.dxf 格式）导入 Airpak 软件。首先，打开 AirpakAirpak 软件并新建一个文件，然后依次点击"File"→"Import"→"DXF Points+lines"，如图 5-25 所示，在弹出的对话框中选中处理好的总平面图文件并点击"Open"打开。

（3）建模及设置模型参数

建模及设置模型参数是 Airpak 模拟过程中重要的一步，下面将逐步进行介绍。

①模拟计算区域大小的确定

模拟计算区域应符合下列要求：对象建筑（群）顶部至计算域上边界的垂直高度应大于 5H；对象建筑（群）的外缘至水平方向的计算域边界的距离应大于 5H；与主流方向正交的计算断面大小的阻塞率应小于 3％；流入侧边界至对象建筑（群）外缘的水平距离应大于 5H，流出侧边界至对象建筑（群）外缘的水平距离应大于 10H。根据上述要求，在 Airpak 软件中就可以设置 Room 的边界（Airpak 软件中 Room 内的范围即是计算区域），其具体操作为"在左侧导航栏中旋转 Room"→"右下方的模型属性栏中修改 Room 在 X、Y、Z 三个方向的坐标"，如图 5-26 所示。

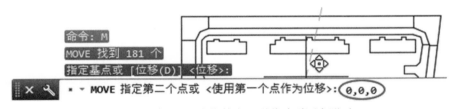

图 5-24　在 CAD 中将整个图形移动到原点附近

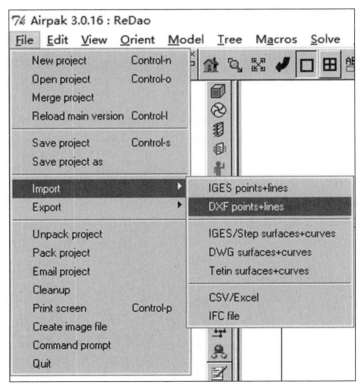

图 5-25　导入 DXF 格式底图

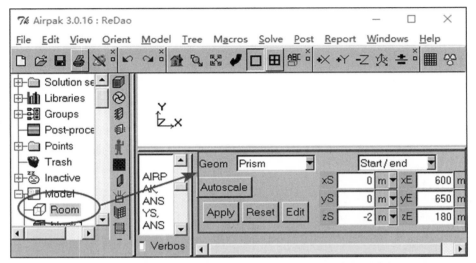

图 5-26　修改计算区域 Room 的 X、Y、Z 三个方向上的坐标

②建立模型

在建模之前需要了解一下 Airpak 建模过程常用的按键或按键组合："长按鼠标左键并移动"—旋转视图；"长按鼠标中键并移动"—平移视图；"长按鼠标右键并左右移动"—旋转视图；"长按鼠标右键并上学移动"—缩放视图；"Shift+ 鼠标中键"的作用就是将选中的物体整体平移；"Shift+ 鼠标右键"的作用是将拖动鼠标指针正下方的物体的边界线或者顶点，如图 5-27 所示。

用 Airpak 在做热岛模拟时，对于场地中建筑、道路、绿化、水体等的建模，基本上都可以用 Block 模块建立，其区别在于集合尺寸的不同和物理特性参数的不同。在导入 DXF 格式的底图后，在底图上进行描绘建模。

对于建筑的建模，以其中一栋进行说明。首先点击建模工具条中的"Create blocks"此时会在模型区域的中间部位产生一个名为"block.1"的物体，然后需要在属性面板"Geom"右侧下拉选择栏中修改其几何形式，将其改为"Polygon"，同时将 block.1 的生成平面（Plane）改为"xy"，类型（Type）设置为"hollow"，如图 5-28 所示。属性面板中"Geom"其实是 Block 的边界类型，详见图 5-29，其中

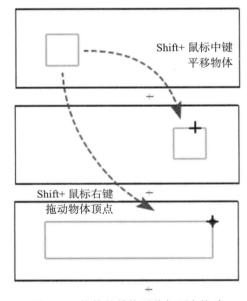

图 5-27　物体的整体平移与顶点拖动

"Polygon"表示 Block 的边界类型为线段，属性面板中"Type"表示该 Block 是空心体、固体还是流体。在图 5-28 中，可以看出 block.1 在 xy 平面上有 3 个顶点 vert1、vert2、vert3，在属性栏中可以直接修改各个顶点的坐标，另外在属性栏中可以看出此时 block.1 在 z 轴上的高度为 60m（Height），此时的 block.1 是基于 xy 平面生成的、在 z 轴方向高度为 60m 的三棱柱。

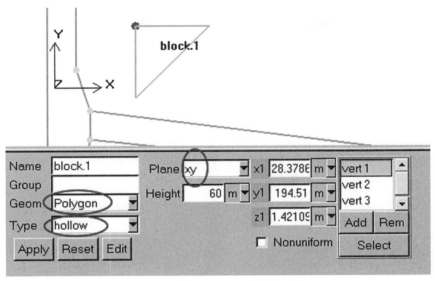

图 5-28　修改 block.1 的生成形式

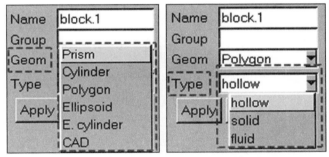

图 5-29　Block 的属性栏中 Geom 和 Type 所包含的类型

修改完成 block.1 初始模型参数后，选中该物体并按住"Shift+ 鼠标中键"将 block.1 移动到该建筑位置之上，如图 5-30 所示。然后就进入所谓的描图段（描绘建筑轮廓），将鼠标移动到 block.1 的其中一个顶点，按住 Shift 键不放，用鼠标右键点击该顶点不放，拖动该顶点到离该点最近的底图上建筑物的顶点处，如图 5-30 所示。

按照同样的方法将顶点 2 移动到最近的建筑顶点。此时由于建筑有多个顶点，而 block.1 在 xy 平面上仅有 3 个顶点，所以需要增加顶点，block.1 属性面板中的"Add"，这时就会新增一个顶点，如图 5-31 所示。按照上述做法与原则将所有点拖动到底图建筑所有顶点，并将该建筑的实际高度填于 block.1 属性栏的 Height 处，完成后效果如图 5-32 所示。

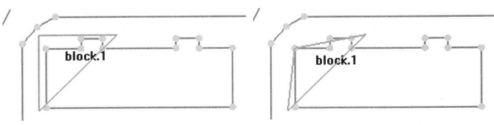

图 5-30　将 block.1 移动到该建筑位置并将顶点 1 移动到建筑边界

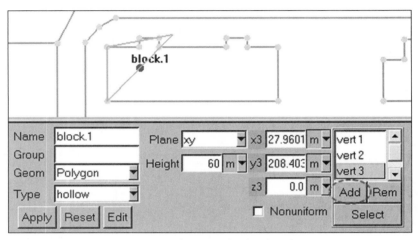

图 5-31 对 block.1 新增一个顶点

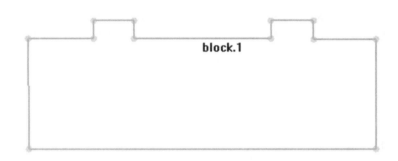

图 5-32 对 block.1 描图完成后的状态

按照上述建模方法将底图中的所有物体描绘出来，包括其他建筑以及道路、绿化、水体等。对于热岛模拟，道路、绿化、水体这些环境下垫面的建模，也可用 Block 代替，其厚度影响不大，可以统一设置成 0.1m。将所有物体建模完成后，在菜单栏中设置"View"→"Shading"→"Solid"，如图 5-33 所示，将显示修改为实体，如图 5-34 所示。按住鼠标左键不放并拖动，旋转视图，最终三维效果图见图 5-35。

③模型参数设置

模拟热岛时需要设置的模型参数包括：实体模型参数、太阳辐射、角系数、环境空气温度、风向风速。下面分别进行说明。

a. 实体模型参数的设置

为了考虑太阳辐射的影响，做热岛模拟时需要设置建筑、道路、绿化、水体表面的太阳能吸收系数、反射系数、粗糙度等，而这些参数的设置，需要为这些物体指定不同的材料。首先来建立一个新材料，以建筑表面材料（抹灰）为例进行说明。在左侧导航栏中依次点开"Libraries"→"Main Library"→"Materials"→"Surface"，在"Surface"层级下任意选中一种材料右击，然后点击"Copy material"，这时在左侧导航栏中的 Model 层级下自动出现"Ag-Silver-surface.1"，如图 5-36 所示。右键单击该材料，将其名字改为"BuildingSurf"，然后双击该材料名称，或在其上点击"右键"→"Edit"，打开其属性修改面板（Properties），将其表面粗糙度（Roughness）设置为 0.001m，比辐射率（Emissivity）设置为 0.9，太阳辐射吸收率（Solar absorptance）设置为 0.7，太阳辐射透射率（Solar transmittance）设置为 0，散射

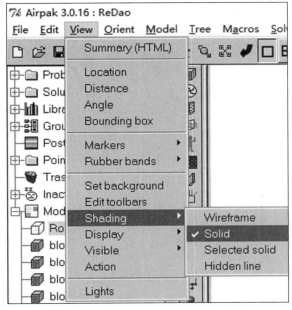

图 5-33 将模型显示效果修改为实体

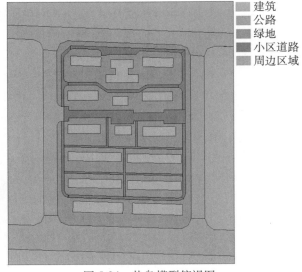

图 5-34 热岛模型俯视图

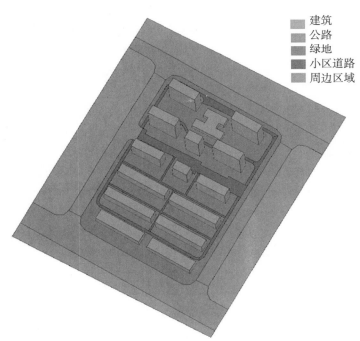

图 5-35 热岛模型三维效果图

吸收率（Diffuse hemispherical absorptance）设置为 0.7，散射透射率（Diffuse hemispherical transmittance）设置为 0，如图 5-37。道路、绿化等的表面材料参数和此类似，不再赘述。

b. 太阳辐射的设置

模拟太阳辐射，首先应开启"Solar Loading"，其设置如下："左侧导航栏"→"Problem setup"→"Basic parameters"，在 Basic parameters 面板上的"General setup"栏里将"Solar Loading"和"Radiation"设置为 on。由于本模拟应计算小区距地 1.5m 高度处的温度和风速，因此必须勾选"General

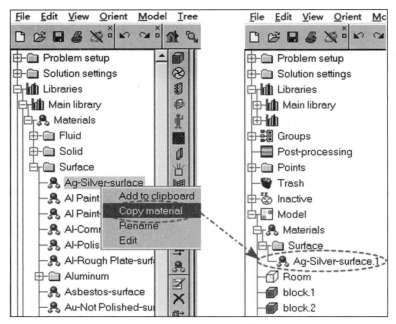

图 5-36　新建一种材料

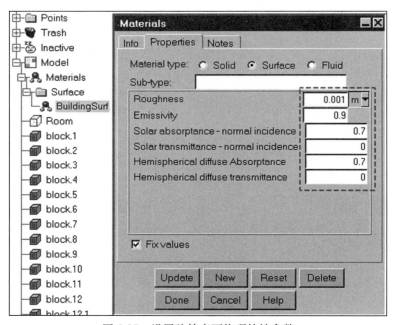

图 5-37　设置建筑表面物理特性参数

setup"栏内的"Flow"和"Temperature"。另外，热岛模拟需考虑重力的影响，应勾选重力矢量（Gravity vector），由于本模型 Z 轴正向上，因此在 Z 处设置为"－9.8"，如图 5-38所示。

点击面板上的"General setup"栏中"Solar Loading"左侧的"Edit"按钮，设置

将要模拟日期、时间、经纬度，如图 5-39 所示，图中设置的日期为 6 月 21 日，时间为 12点，"TZ"代表时区，"8"代表东八区，时区为选填项，图中设置的纬度为北纬 31.18°，经度为东经 121.48°，"Sunshine Fraction"为1 时表示天空晴朗无任何云层遮挡，"Sunshine Fraction"为 0 时表示天空完全被云层遮挡。

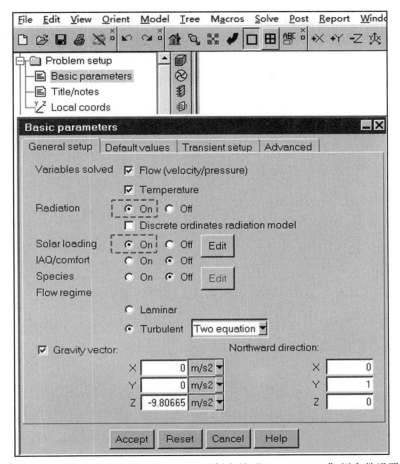

图 5-38　热岛模拟时 Basic parameters 面板上的 "General setup" 栏参数设置

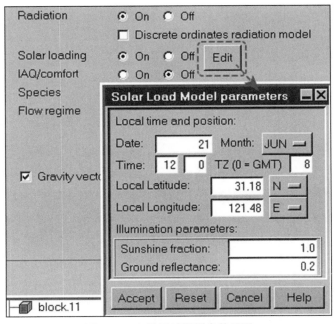

图 5-39　太阳辐射模型参数设置

c.角系数的设置

角系数在辐射传热中非常重要，它是一个表面发射出的辐射能中，落到另一表面的百分数，反映了相互辐射的不同物体之间几何形状与位置关系。打个简单比方说，如果两个表面距离很近而且正对着，那么它们之间的角系数就大，如果距离很远或者是斜对着，那么它们之间的角系数也就越小，其中角系数越大，它们之间辐射传热也就越强，反之越弱。

在模拟热岛效应是需要考虑个建筑之间、建筑与其他物体之间的辐射传热，因此就需要对各个物体间的角系数进行设置。原本角系数的计算和设置是一件很繁琐的事情，但是 Airpak 软件中提供了角系数的计算工具，并将计算出的角系数自动赋予各个物体，十分方便快捷。打开该小工具的方法有两种，第一种"菜单栏中进入 Model"→"点击 Radiation"，第二种在工具栏中直接点击"Radiation ❀"工具即可。

在弹出的"Form factors"面板中的

"Use geometry"栏选择要用到物体（被选择后，该物体的名字底纹变为淡蓝色），然后在"Radiation enabled"栏下方点击"All"全选参与辐射计算的物体，随后点击"Compute"进行角系数计算，如图 5-40 所示。角系数计算完成后，点击"Display values"栏中的任一个物体，在模型中即可查看其计算结果。做含有辐射的模拟时，尽量简化模型，减少各物体表面数量。

d.环境空气温度

做热岛模拟时还需要设置周围环境的默认温度，该温度在左侧导航栏中"Problem setup"→"Basic parameters"→"Default values"中设置，如图 5-41 所示。该温度既是模拟初始时的空气温度，又是 Room 边界处吹来的风的温度。

e.风向风速的设置

Airpak 中 Room 内的所有区域均为模拟区域，因此设置环境的风速和风向边界条件时，应将边界设置在 Room 的四周。假设模拟的为东南风，则需要在 Room 的东面和南面分别

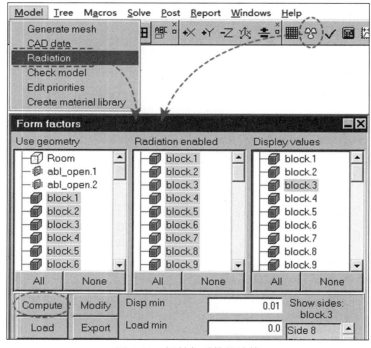

图 5-40　辐射角系数的计算

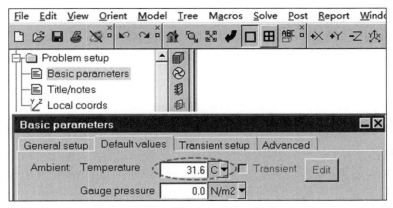

图 5-41　环境空气温度的设置

设置一个来流大气边界开口，并指定该开口处的风速、风向、风力梯度等即可。有进空气进入 Room，那么也必须有空气流出 Room，那么还需要在 Room 的北侧和西侧设两个自由空气出口即可，其示意见图 5-42。

对于大气边界的建模，首先应了解一下其模型的原理。建筑来流方向风速都是均匀分布的，但是不同高度平面上的来流风速大小沿建筑高度方向按梯度递增，按大气边界层理论设置风速，不同地形的风速梯度不同，如图 5-43 所示。

不同高度的风速不同，高度与风速的计算公式如下：

$$V_h=V_0\left(\frac{h}{h_0}\right)^n$$

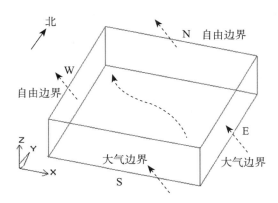

图 5-42　风速风向边界设置示意图

式中：

V_h—高度为 h 处的风速，m/s；

V_0—基准高度 h_0 处的风速，m/s，一般取 10m 处的风速；

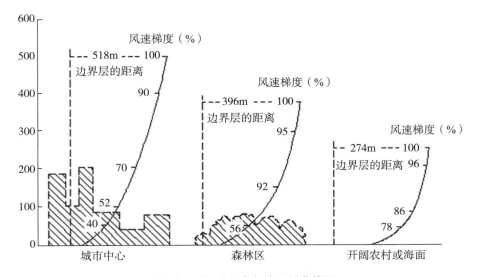

图 5-43　不同地形大气边界层曲线图

n—指数。市区 n 值取 0.2 ～ 0.5；空旷或临海地区 n 值取 0.14 左右。

因此，设置来流大气边界前需要准备好当地夏季的主导风向与风速，用前文介绍的方法或者查阅相关资料确定当地主导风向为东南风，平均风速为 2.5m/s（此风速、风向仅做软件操作演示用）。下面在 Airpak 软件中设置来流大气边界。由于方向为东南风，所以要在 Room 的东边界和南边界分别设置一个来流大气边界，下面以东边界为例进行说明。从菜单栏中打开大气边界设置页面，其操作如下"Macros"→"Boundary conditions"→"Atmospheric boundary layer"，如图 5-44 所示。由于 Room 的东侧面位于 Y-Z 平面上，并记下 Room 东侧面的位置坐标，因此东侧大气边界的位置参数设置如图 5-45 所示，然后设置其风向为"SE"，风速为 2.5m/s。该小区位于郊区，在"Local terrain type"栏选择其形式为"Urban, suburban, wooded areas"，在该栏正下方自动出现大气边界相关参数。由于上文介绍的高度与风速的计算公式中的 V_0 是 10m 高处的风速（主导风也是 10m 高处的），因此在"Anemometer Height"设为"10.0"，由于 Z 轴为竖直方向，因此"Profile direction"选择为 Z 轴。最后点击"Accept"，即完成东侧大气边界层的参数设置，南侧大气边界层的参数设置和东侧类似，不再赘述。建立完成东侧和南侧大气边界后，还有要设置西侧和北侧的自由边界开口，自由边界开口的建立可以通过新建 Opening 来实现。点击建模工具栏的"■"（Create opening），这时就会出现一个新的 Opening，在左侧导航栏双击此 Opening，在弹出的窗口中进行相关参数设置，下面以西侧自由边界的创建为例进行说明。在弹出的 Opening 属性窗口的"Geometry"面板上选择其位置平面为"Y-Z"，并设置其三维坐标，在"Properties"面板勾选"Static press"与"Temperature"，并将它们均设置为"ambient"（由于其为自由边界，是经过模拟计算得到的，而非人为指定数值），如图 5-46 所示。

（4）划分网格

参数设置完成以后，开始对模型进行网格划分，在 Airpak 中网格划分几乎是自动完成的，仅需要设置少量的参数即可，这正是比其他 CFD 软件优越之处。良好的计算网格是 CFD 模拟成功、准确的基本保障，如果整个网格太粗糙，则模拟结果可能不准确，如果总体网格太细，计算成本可能变得过高，所以因综合考虑模拟的各种因素，比如精度因素、硬件因素等。

Airpak 提供四种类型的网格划分器：Hexa-unstructured（非结构化六面体网格）、Hexa-cartesian（笛卡尔六面体网格）、Tetra（四面体网格）和 Mesher-HD（六面体主导网格）。Airpak 软件默认的是非结构化六面体网格"Hexa-unstructured"，如图 5-47 所示，该网格适用于大多数模拟情形，推荐使用。笛卡尔六面体网格"Hexa-cartesian"虽然可以创建质量更好的网格，但是无法近似弯曲，会用阶梯状网格近似倾斜或者曲面，一般用

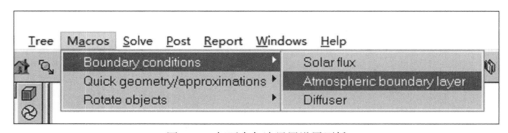

图 5-44　打开大气边界层设置面板

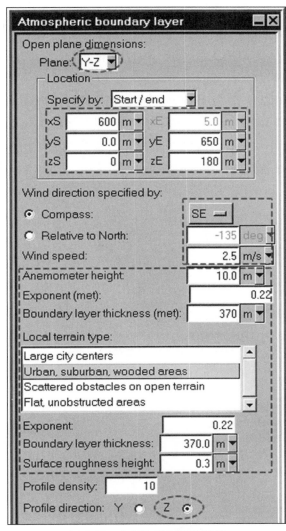

图 5-45　大气边界层设置面板

于模拟简单且形状规则的物体。四面体网格"Tetra"一般用于模拟几何形状复杂的情形，例如模型包含球形、椭圆形、圆柱、管道等。六面体主导网格"Mesher-HD"是强大且高度自动化的非结构化网格生成器，主要由六面体元素组成，但包括三角形、四面体或金字塔形单元。

在工具栏上点击▦（Generate mesh），然后弹出 Mesh control（网格控制窗口），如图 5-48 所示，在"Generate"面板上设置"Mesh type"为默认的非结构化六面体网格（Hexa-unstructured），设置 X、Y、Z 三个方向上的最大网格尺寸，然后点击该面板上"Generate mesh"按钮，等网格生成后，在 Mesh control 面板的最上方将会显示生成网格的数量。通过"Display"面板可以控制生成网格的显示，用以查看生成的网格，通过"Quality"面板可以查看生成的网格质量，通过"Export"面板可以其他格式类型的网格。

（5）模拟

在模拟前还需要做最后的准备工作，检查 Basic parameters 的各项设置，前文已经介绍了 Basic parameters 中的"General setup"

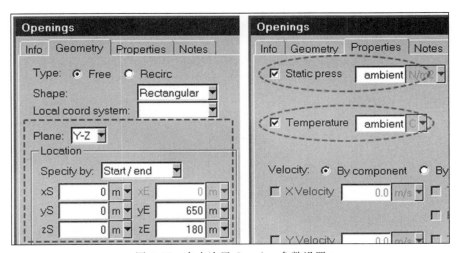

图 5-46　自由边界 Opening 参数设置

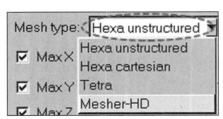

图 5-47　Airpak 提供的网格划分器

与"Default values"的设置，这里不再赘述。由于本模拟属于稳态模拟，所以应在"Transient setup"面板选着"Steady"选项，如图 5-49 所示。另外，还需要对导航栏中

Solution settings 进行设置。双击打开"Basic settings"，在"Number of iterations"设置本次模拟所需要的步长（模拟计算迭代的次数），在"Convergence criteria"栏设置收敛的判别标准，如图 5-50 所示。双击打开"Parallel settings"，选择模拟计算线程数量为单线程"Serial"，如图 5-51 所示。目前这个软件版本在模拟太阳辐射时仅支持单线程。

模拟前准备工作完成以后，就可以开始模拟了，点击工具栏中的 ▦（Run solution），也可以在菜单栏中的 Solve 菜单下点击"Run

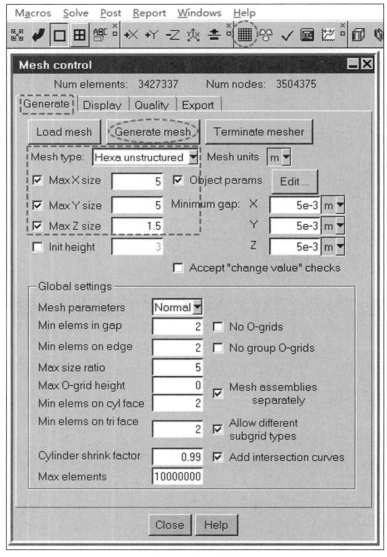

图 5-48　网格生成

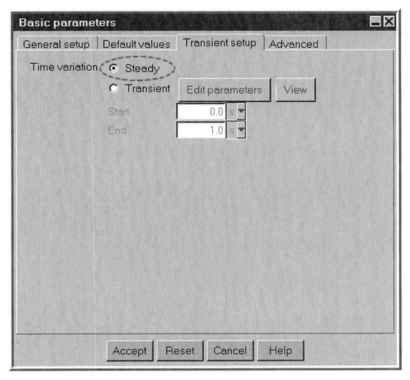

图 5-49　稳态与瞬态的选择

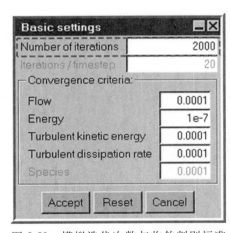

图 5-50　模拟迭代次数与收敛判别标准
的设置

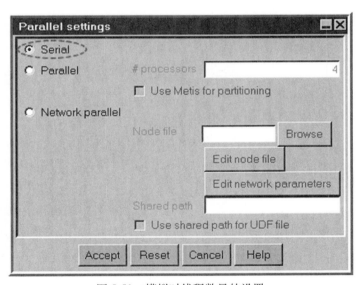

图 5-51　模拟时线程数量的设置

solution"，如图 5-52 所示。然后软件开始进行模拟计算，并弹出残差监视器，以便观察模拟过程中的收敛情况。

（6）模拟结果查看与处理

在模拟完成后，可以通过设置截面的方式查看该截面上的结果数据。由于需要查看距地面 1.5m 处的温度分布、风速云图及风速矢量图，下面将对这三种情况分别介绍。

对于温度分布图的创建，首先，如图 5-53 所示，在工具栏中点击 （Plane cut）或在菜

143

单栏中的 Post 菜单下点击"Plane cut"，这时 Airpak 自动创建一个截面"cut.1"，并弹出一个窗口。在该窗口的"Set position"下拉菜单选择"Z plane through center"，如图 5-54 所示，这时会在 XY 平面上创建一个截面，并且该截面过模型 Z 轴的中点，然后拖动位置调节条，"PZ"数值随之变化，这时可以在"PZ"设置 1.5，表示 cut.1 此时是距地 1.5m 的水平面，如图 5-55 所示。

在图 5-55 中勾选"Show Contours"，并点击其右侧的"Parameters"，这时在弹出窗口中选择该截面的显示的数据为温度"Temperature"，并勾选显示形式为"Solid"，如图 5-56 所示。温度分布图控制颜色的显示方式有两种，第一种是指定温度显示范围（Specified），第二种是根据计算的结果进行显示（Calculated），选择任一种均可，只要能展示清楚即可。

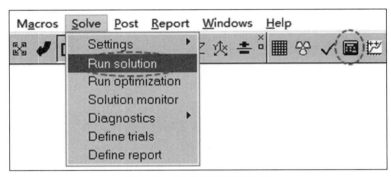

图 5-52　开始进行模拟计算

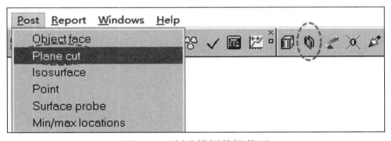

图 5-53　创建模拟数据截面

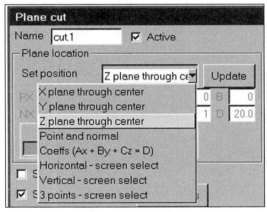

图 5-54　设置截面与 Z 轴垂直（也即位于 XY 平面上）

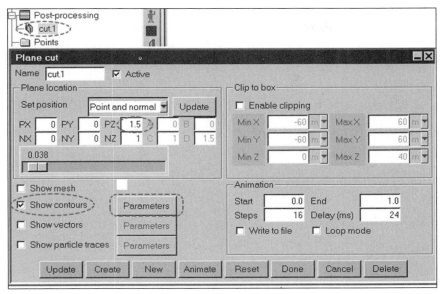

图 5-55　模拟数据截面参数设置

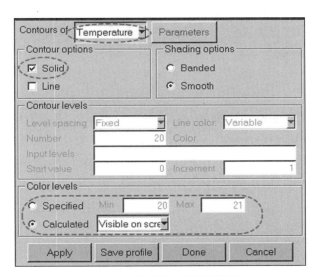

图 5-56　温度分布图参数设置

风速云图的创建与温度分布图类似，在所需要展示的参数下拉菜单选择速度（Speed）即可，如图 5-57 所示，不再赘述。对于风速矢量图，需要在图 5-55 中勾选"Show Vectors"，然后点开其右侧的"Parameters"进行类似设置即可。

目前，热岛的模拟分析基本已经介绍完毕，对于数据结果的处理，在 Airpak 软件中即可实现大部分的处理功能，如果对数据处

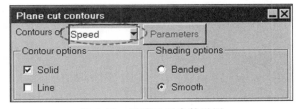

图 5-57　风速云图参数设置

理要求高，也可以将模拟结果导入 Tecplot 360 或 EnSight 等 CFD 后处理软件中进行进一步的处理。

3　光环境

日照对人们的生活环境极为重要，在绿色建筑评价标准中就要求建筑规划布局应满足日照标准，且不得降低周边建筑的日照标准。对于日照标准，许多标准规范对其都有相关规定，例如《民用建筑设计通则》《城市居住区规划设计规范》《中小学校设计规范》《老年人居住建筑设计标准》《宿舍建筑设计规范》等。虽然各标准中对不同建筑类型的日照标准略有不同，但是日照在 Ecotect 中模拟的过程相似（也可以采用其他软件模拟，比如 Ladybug + Rhino + Grasshopper），因此下文将以住宅小区的日照分析进行介绍。

在进行模拟时首先应对建筑底图处理，描绘出建筑轮廓，并保存成 DXF 格式，然后再打开 Ecotect 软件进行建模与模拟分析，具体步骤如下。

1）导入建筑底图

在 Ecotect 菜单栏中的 File 菜单下选择"Import"，然后点击"3D CAD Geometry"，然后弹出导入几何图形的窗口，如图 5-58、图 5-59 所示，在选择文件类型下拉菜单下选择"DXF"，然后设置缩放比例，由于在 CAD 中一个单位长度等于 Ecotect 模型的 1mm，本示例的建筑底图也是以 mm 为单位进行绘制的，所以缩放比例设置为"1.0"，其他保存默认设置，然后点击"Choose File"，选择之前处理好的建筑底图，最后点击该窗口下方的"Open As New"或者"Import Into Existing"即可，完成后的界面如图 5-60 所示。

2）建模

对于住宅小区的日照模拟，可以用 Ecotect 软件中的一个 Zone 来建一个建筑单体。需要注意的是在 Ecotect 中建 Zone 时，其高度设置方法有两种：（1）在"Preferences"中事先指定 Zone 的默认高度；（2）Zone 建模完成后修改 Zone 的高度。

第一种做法如下。将要建立 Zone 高度与建的上一个 Zone 的高度不同时，均需要在 Ecotect 工具栏中的"Preferences ▓"（也可以用快捷键"Shift+Ctrl+P"打开）中指定新的 Zone 默认高度，如图 5-61 所示，在"Default Zone Height"中设置 98000.0mm。设置完成

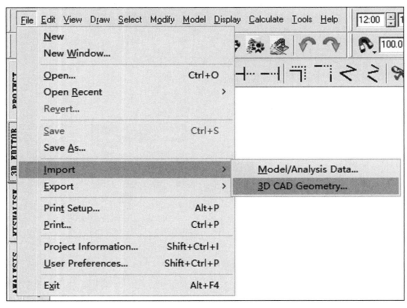

图 5-58　选择导入建筑底图的入口

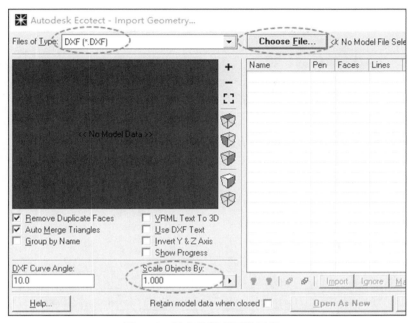

图 5-59　导入建筑底图设置窗口

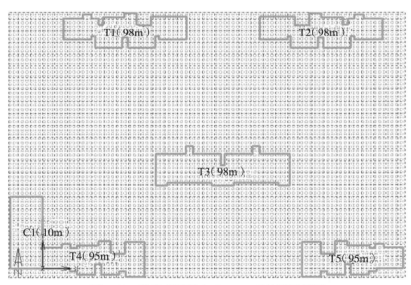

图 5-60　建筑底图导入 Ecotect 后的模型界面

将要绘制的 Zone 的高度以后，开始进行建模。点击左侧工具栏中的"Zone"工具，然后沿着建筑轮廓进行描绘，如图 5-62 所示，当描绘至最后一个顶点后按下 Esc 建，在对话框填入建筑的名字，如图 5-63 所示，即可完成该建筑的创建。按照上述操作完成 T2、T3 建筑的创建，当创建 T4、T5 建筑前，需要重新在工具栏中的"Preferences 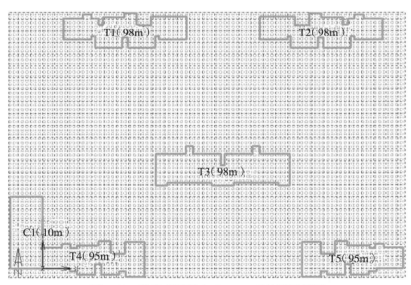"中指定 Zone 的高度为 95000.0mm，然后再开始 T4、T5 建筑的创建，同样在创建 C1 前需要将重新指定 Zone 的高度为 10000.0mm。

第二种做法如下。不用每次都在"Preferences"中设置将要建立 Zone 的默认高度，而是等所有 Zone 都描绘完成后修改 Zone 的高度。首先，在右侧功能栏中点击（Selection Information），用以查看和修改选

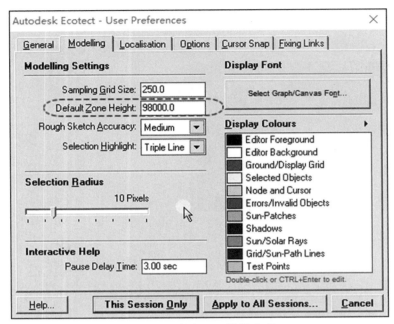

图 5-61　设置 Zone 默认高度

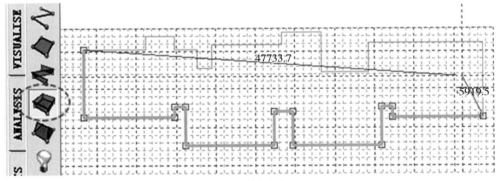

图 5-62　描绘建筑轮廓

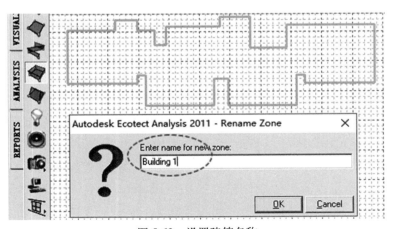

图 5-63　设置建筑名称

中物体的信息。其次，选中需要修改高度的 Zone 的任一个边界，如图 5-64 所示，此时选中的为一条边线，Element 状态为"Line"。然后，保持选中状态，点击空格键，直到选中物体的信息在 Element 处显示为"Floor"为止。最后，在"Extrusion Vector"下修改 Z 轴的高度即可，如图 5-65 所示。当然，也可以不在平面视图下用"空格键"轮选的方式选择，可以点 F8 键直接进入三维视图，拖动鼠

标右键，选择 Zone 的底面（可能此时也需要配合空格键选择）。

介绍了以上方法后，有读者可能会提出，既然 Z 轴方向上的拉伸量可以修改，那么是否可以用直线工具绘制面的或者直接用平面工具直接绘制面以后修改 Z 轴上的拉伸长度的方式建模，答案是不建议，这样会增加很多步骤，而且要检查修改生成后的模型的相关信息，比如各个面的法线方向等。

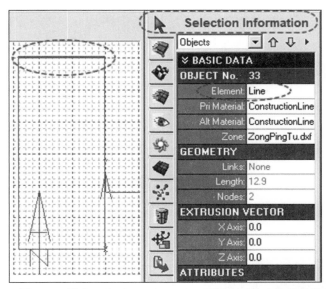

图 5-64　进入 Selection Information 面板查看选中物体的信息

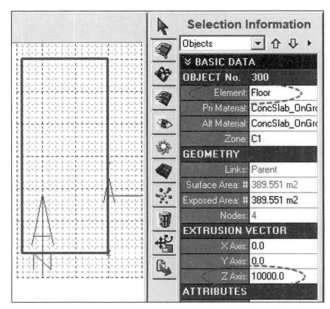

图 5-65　在 Selection Information 面板中设置 Zone 新的高度

在这里需要介绍一下面的法线方向。Ecotect 模型中物体的各个面都是有朝向的，模拟时需要确保各个面的法线方向朝外，否则在模拟计算日照、采光、热环境等时，模拟计算出的结果将会错误。对于直接用"Zone"工具创建的单体建筑模型来说，其各个面的法线方向均是指向建筑外部的，如图 5-66 所示，如果用"Plane"工具创建的或者是其他软件导入的模型就需要检查各个面的法线方向是否正确。可以用"Ctrl+F9"键或者菜单栏中"Display"→"Surface Normals"查看各个面的法线方向。如果某个面的法线方向不正确，可以选中该面，用"Ctrl+R"键反转该面法线。如果模型中绝大部分表面法线都是反的，那么可以全选这些表面，通过菜单栏中的"Modify"（修改）→"Surface Functions"（表面功能）→"Unify Normals of Coincident Surfaces"（统一共面的法线方向）或者通过"Ctrl+R"键反转这边面的法线，然后再调整剩余小部分法线方向不正确的面。

所有建筑单体描绘完成以后，点击软件界面最左侧的"VISUALISE"面板进入三维效果查看器，点击 F8 键进入轴测图查看模型效果，如图 5-67。Ecotect 软件的常用快捷键：F2—重复上一个命令，F4—隔离当前区域，F5—俯视平面图，F6—前视图，F7—侧视图，F7—轴测图，F9—默认模型视角，F10—显示阴影，F11—显示命令输入框（软件左下角）。

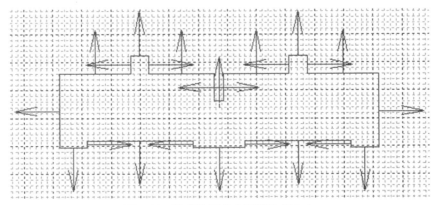

图 5-66 检查建筑各个面的法线方向

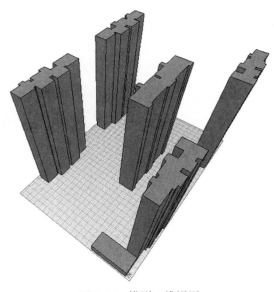

图 5-67 模型三维视图

3）加载气象数据

点击工具栏中的 图标，在下拉菜单中点击 "Load Weather File"，如图 5-68，然后选择该建筑所在城市的气象数据。Ecotect 软件所采用的气象数据为 ".wea" 格式的气象文件，如果本地电脑中没有想要的城市，可以去前文介绍 EnergyPlus Weather Data 网站去下载相邻城市的气象数据，然后在图 5-68 中的 "Convert Weather Data" 处将所下载 ".epw" 格式气象文件转化为 ".wea" 格式即可。

4）设置网格

使用平面工具在水平面上建立一个辅助平面，如图 5-69，该平面用于设置网格。

如图 5-70，点击右侧功能栏中的 ，进入 Analysis grid 面板，点击 "Display Analysis Grid"，模型界面出现网格，如图 5-71。然而这个网格区域位置并非处于将要模拟的日照所处的位置，这时需要选中刚刚创建的那个平面，以该平面所在的范围作为日照模拟分析的范围，点击 Analysis grid 面板下的 "Auto-

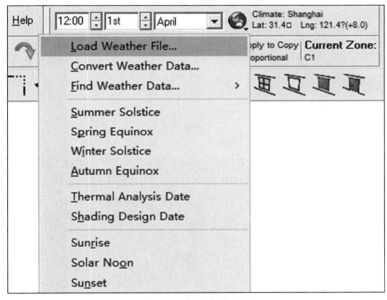

图 5-68　加载气象数据

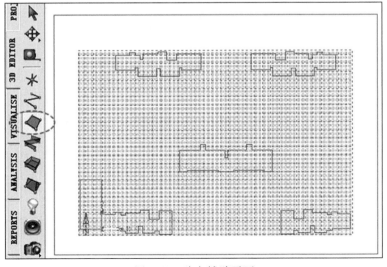

图 5-69　建立辅助平面

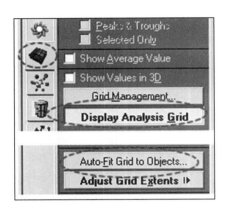

图 5-70　进入分析网格面板并显示网格

Fit Grid to Objects",然后在弹出窗口中按图 5-72 所示的参数设置,设置其生成方式为"Within",自动适应所选中的物体。由于本项目为住宅建筑,根据《城市居住区规划设计标准》GB 50180—2018 中的第 4.0.9 条规定,

住宅建筑日照标准计算的起点为底层窗台面,所以本项目设置网格距地面高度为 0.8m。

然后网格就在选中平面的正上方区域生成了,如图 5-73 的网格,从该图可以看出,此网格尺度较大,太稀疏,模拟结果显示将会比较粗糙。此时,需要对网格进行加密处理,点击"Grid management",在弹出面板中设置 X 方向的网格数为 200,Y 方向上的网格数为 160,数值越大网格越密,计算也越耗时,然后点击 OK 即可。

5)日照小时数计算

在右侧功能栏中的 ◆ (Analysis grid) 面板的最下方选择"Insolation Levels",然后点击"Perform Calculation",在弹出窗口中点击"Skip Wizard",如图 5-74 所示。

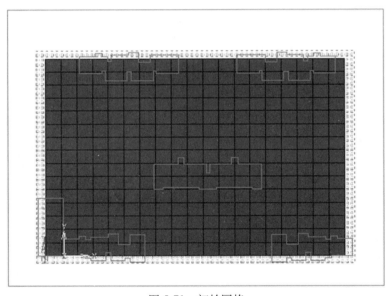

图 5-71　初始网格

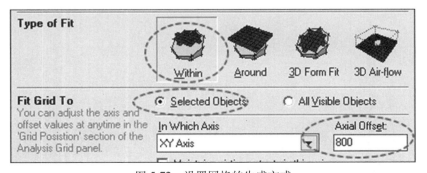

图 5-72　设置网格的生成方式

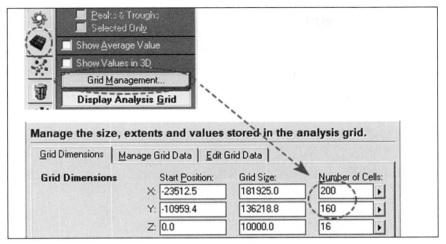

图 5-73　设置网格数

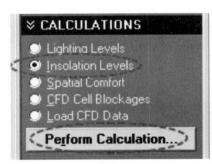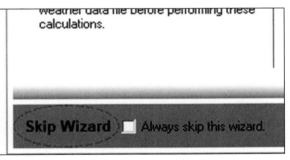

图 5-74　Perform Calculation

点击"Skip Wizard"后直接来到最后一步（Step 7 of 7），如图 5-75 所示，在这里可以直接设置前几步所涉及的参数设置，根据《城市居住区规划设计标准》GB 50180—2018 中的第 4.0.9 条规定，处于第三热工分区的住宅需要模拟分析大寒日的日照情况，因此，需要事先在工具栏处将日期改为 1 月 20 日，然后在参数设置面板直接选择"Current Day"，其右侧日期条接变为 1 月 20 日，其他参数按照图 5-75 设置即可，设置完成后点击 OK，开始进行模拟计算。

4　风环境

室外风环境模拟也是 CFD 模拟的一种，模拟过程与前面讲述的热岛模拟类似（简化处理 CAD 底图→导入 CAD 底图→建模及设置模型参数→划分网格→模拟→模拟结果查看与处理），不同点在于室外风环境模拟的边界条件比热岛模拟的简单很多，不需要模拟太阳辐射，也不用设置角系数、环境空气温度，初始参数设置、实体模型参数设置等也比较简单。下文主要讲解其不同之处。

1）简化处理 CAD 底图

参考前文热岛模拟。

2）导入 CAD 底图

参考前文热岛模拟。

3）建模及设置模型参数

（1）模拟计算区域大小的确定

参考前文热岛模拟。

（2）建立模型

室外风环境的模拟要比热岛模拟简单很多，只需要建立建筑模型即可，无需建立道路、绿地、水域等模型，具体建模过程可参考前文热岛模拟。建模参考见图 5-76，图 5-77。

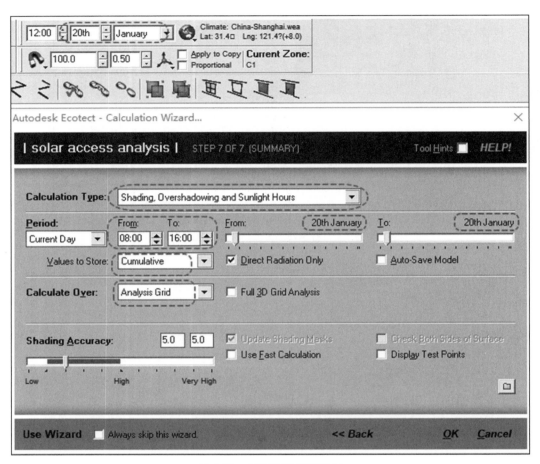

图 5-75　日照模拟参数设置

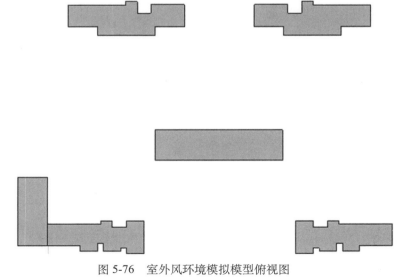

图 5-76　室外风环境模拟模型俯视图

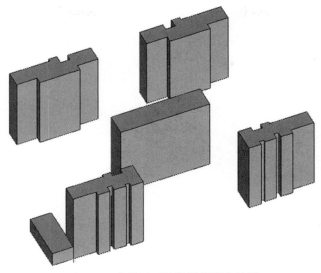

图 5-77　室外风环境模拟模型立体图

（3）模型参数设置

模拟室外时需要设置的模型参数包括：基本参数设置和风向风速。与热岛模拟相比无需设置建筑的材料参数，无需设置太阳辐射、角系数，室外环境温度设置软件默认的即可。

①基本参数设置

"左侧导航栏"→"Problem setup"→"Basic parameters"，在 Basic parameters 面板上的"General setup"栏里仅勾选"Flow"，其他均关闭或不勾选，这是与热岛模拟区别的核心所在，如图 5-78 所示。在"Default values"栏中仅指定以下初始风速即可，如图 5-79 所示，要说明的是此风速是模拟需要，并非实际风速，实际风速请参考"风速风向"那一小节的设置。在"Transient setup"栏中选择稳态"Steady"，如图 5-80 所示。

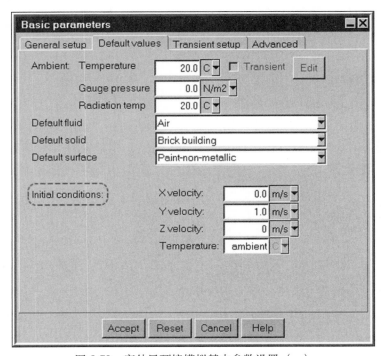

图 5-78　室外风环境模拟基本参数设置（一）

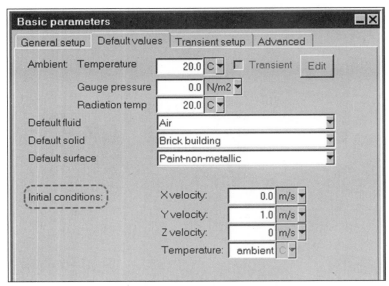

图 5-79　室外风环境模拟基本参数设置（二）

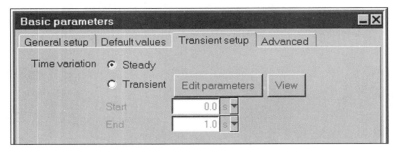

图 5-80　室外风环境模拟基本参数设置（三）

②风向风速的设置

参考前文热岛模拟。

4）划分网格

参考前文热岛模拟。具体网格大小的设置（"Max X size""Max Y size""Max Y size"），应根据模型复杂程度、计算精度、计算机的计算能力等综合考虑，不能一概而论。

5）模拟

参考前文热岛模拟。与热岛模拟不同的是，Airpak 在模拟太阳辐射时仅支持单线程，在做其他 CFD 模拟时支持多线程，多线程设置可以大大提升模拟的速度，其设置如下，"processors"的个数应参考模拟所采用的电脑处理器的核心数量，见图 5-81。

6）模拟结果查看与处理

参考前文热岛模拟。

二、室内环境

1　自然通风

室内自然通风模拟也是 CFD 模拟的一种，其模拟的对象小到一个房间，大到一个户型、一个楼层、一栋建筑，下文将采用一个户型进行讲解（基于 Airpak 软件）。

自然通风的模拟步骤如下：导入 CAD 底图→建模→参数设置→网格划分→模拟→模拟结果查看与处理。

1）导入 CAD 底图

其操作方法与热岛模拟一样，导入底图后的效果见图 5-82。

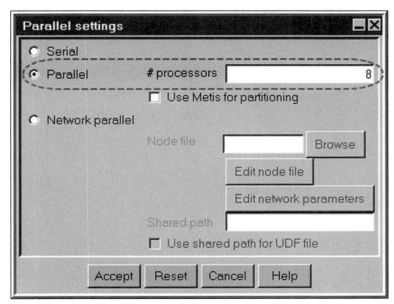

图 5-81　模拟时线程数量的设置

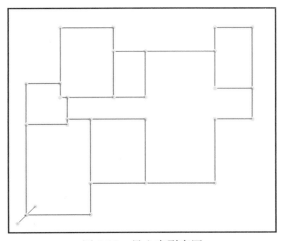

图 5-82　导入户型底图

2）建模

在做自然通风模拟时，需要建立墙和门窗，其中墙采用 Airpak 软件中的 Wall 模块建立，门窗采用 Opening 模块建立。

（1）墙体建模

点击"Create walls"按钮，如图 5-83 所示，这时在右侧模型显示区域就出现一面水平的墙体"wall.1"。然后需要将该墙体调整方位，并拖动到底图墙线位置，操作如下，将其平面调整为"YZ"，选择该墙体，同时按住 Shift+ 鼠标右键拖动到相应位置即可，最

后设置其高度为 3m，如图 5-84 所示。其余墙体建立不再赘述，墙体建完之后的效果见图 5-85。

（2）门窗建模

点击"Create openings"按钮，这时生成一个水平的 opening，如图 5-86 所示，修改其模型物理参数，将其调整到相应的墙体即可。例如该窗户位于左下角东西向外墙 wall.1.13，那么需将 opening.1 的平面改为"ZX"平面，将其 Y 轴坐标设置成和 wall.1.13 一致，并且根据建筑 CAD 图中窗户的位置设置 opening.1 的物理坐标数据。如图 5-87 所示，其中 yS 的 0m 与 wall.1.13 一致，xL 与 zL 均为 1.8m，表示该窗户的大小是 1.8m × 1.8m，xS 的 0.9m 表示窗户 X 轴的起点位于 X 轴 0.9m 处，修改完成以后的效果如图 5-88，图 5-89 所示。

需要注意的是，此时建模工作并没有结束，前文已经介绍 Room 范围内的部分都会参与计算，为了避免外墙外部的气流对模拟结果的干扰，需要将外墙与 Room 之间的空间设置成空的，即不存在空气的区域，这时我们需要用 Block 模块进行填充，并将其设置为"Hollow"，见图 5-90 和图 5-91。

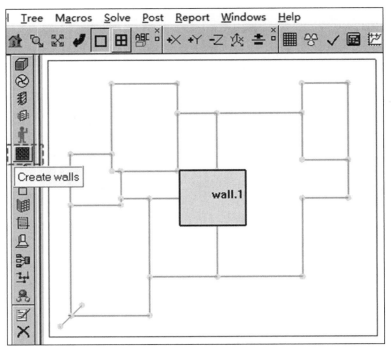

图 5-83　创建墙体

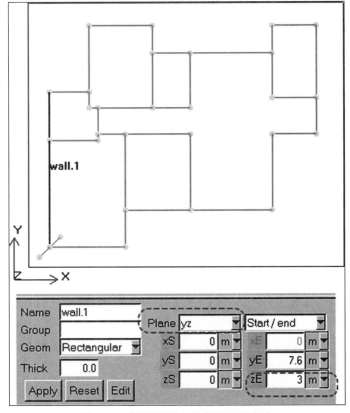

图 5-84　调整墙体方位并设置其高度

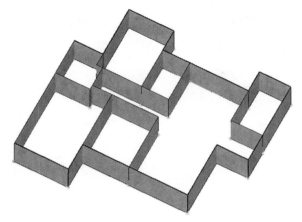

图 5-85　建完墙体后的模型

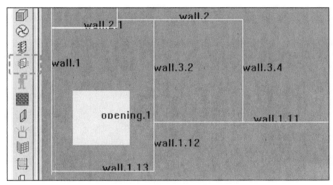

图 5-86　创建 opening

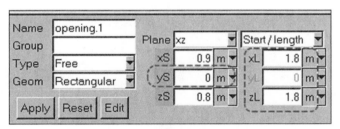

图 5-87　修改 opening 的几何模型数据

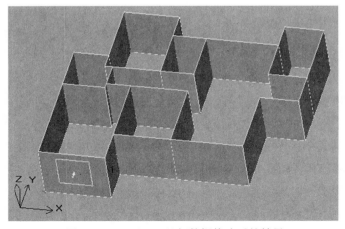

图 5-88　opening.1 几何数据修改后的效果

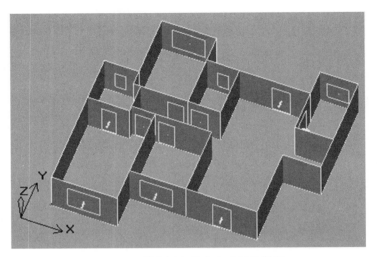

图 5-89　所有门窗建立完成后的效果

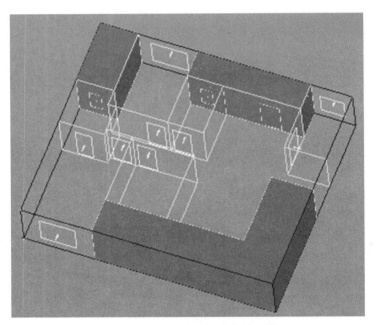

图 5-90　使用 Block 填充空隙区域

3）参数设置

（1）基本参数设置

在基本参数设置页面，仅勾选"Flow"，不勾选"Temperature"，并将"Radiation""Spacies"等设置成"Off"，如图 5-92 所示。

（2）边界参数设置

室内自然通风边界条件的设置需要设置外窗或外门表面的风压，内窗或内门设置成压力自由即可。而外窗或外门表面的风压可由室外风环境模拟获得，根据室外风环境模拟出的建筑外表面风压云图，找出本户型每个外门窗所在位置出的风压，比如外窗 opening.1 处所对应的风压为 2.6Pa，则在 opening.1 的参数设置面板中的"Properties"中勾选"Static press"，并设置为 2.6。室内自然通风模拟，不用模拟温度，所有不勾选"Temperature"，如图 5-93 所示。对于内门窗来说，同样是勾选"Static press"，按默认设置为"ambient"即可，如图 5-94 所示。按照此方法把所有门窗参数设置完成。

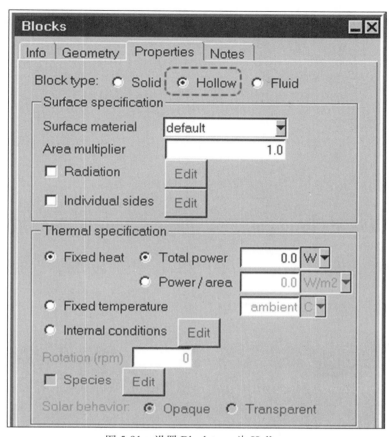

图 5-91　设置 Block type 为 Hollow

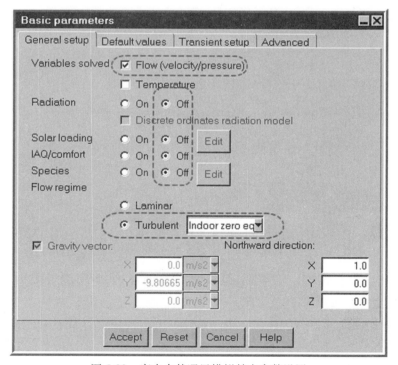

图 5-92　室内自然通风模拟基本参数设置

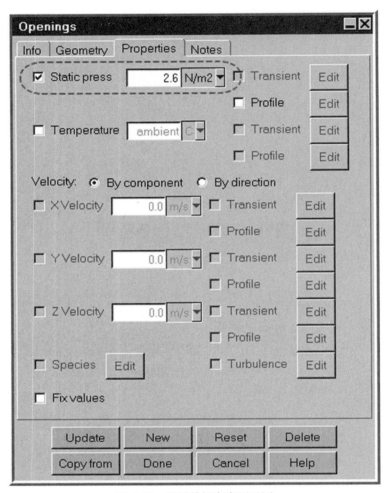

图 5-93　设置外门窗表面风压

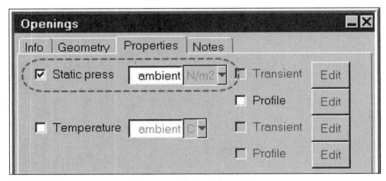

图 5-94　内门窗参数设置

4）网格划分

Airpak 软件自动划分网格，仅需要设置极少参数，具体设置方法参考热岛模拟。本例子所设置的参数如图 5-95 所示。

5）模拟

该步骤参考热岛模拟。其中 Basic parameters 中的"Transient setup"选"Steady"，"Parallel settings"，根据模拟所采用的计算机的 CPU 核心数设置。然后点击工具栏中的 ▦ （Run solution）进行模拟计算，如图 5-96 所示，稍后弹出图 5-97 所示的模拟过程界面，等模拟完以后，点击"Done"即可。

6）模拟结果查看与处理

参考热岛模拟的结果查看与处理章节的图 5-53～图 5-57 所示的操作方法，按图 5-98、图 5-99 所示，调出室内 0.8m 处的风速云图和矢量图，成果如图 5-100、图 5-101 所示。

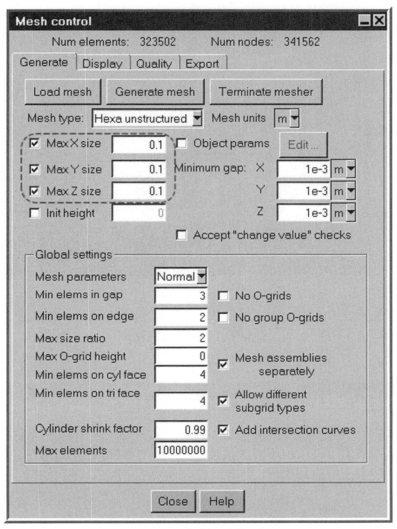

图 5-95　网格划分参数设置

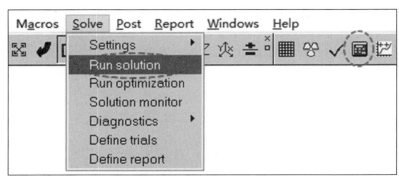

图 5-96　开始进行模拟计算

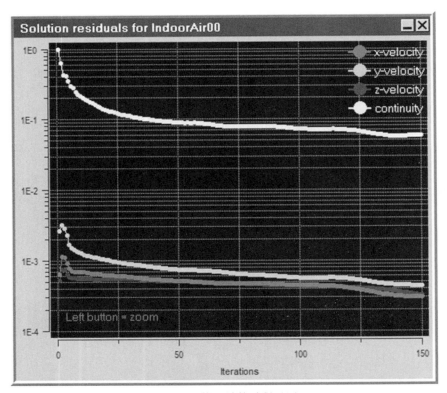

图 5-97　模拟计算过程界面

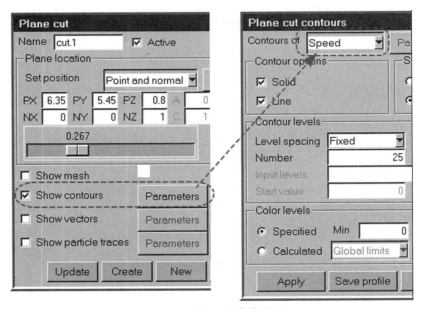

图 5-98　风速云图参数设置

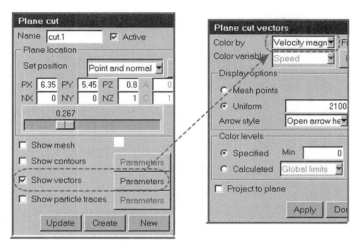

图 5-99　风速矢量图参数设置

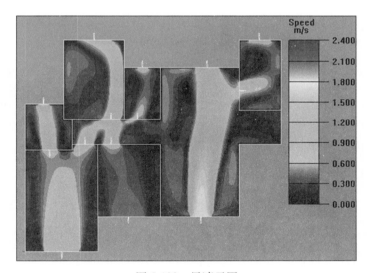

图 5-100　风速云图

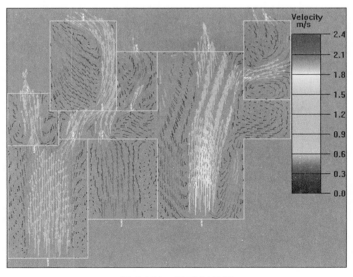

图 5-101　风速矢量图

2　气流组织

通过室内气流组织模拟来分析空调房间的室内环境参数，如风速、温度等。在做此模拟之前，需要根据暖通空调图纸，找出各风口的送风量、风口尺寸、送风温度、排风风量等，若模拟辐射空调系统，还应获取辐射吊顶板表面的温度。图5-102是某住宅空调送风平面图，各送风支管位于地板之下，风口位于地板上属于下送风的形式，共8个风口，分别给卧起居室、餐厅送新风，每个风口的设计送风量为60m³/h，并在厨房与两个卫生间处各设置一个壁式排风扇。图5-103是该住宅的水系统平面图，其所采用的系统形式为辐射空调系统，采用空调辐射吊顶板为房间供冷，因此在模拟时还需要设置各房间的吊顶表面温度作为其中一个边界条件。

1）模型建立

本气流组织模拟所采用的模型以上文中的自然通风模型为基础进行，需要对模型稍作调整，然后建立风口、排风扇、辐射空调板并设置相关参数，最后模拟计算即可。

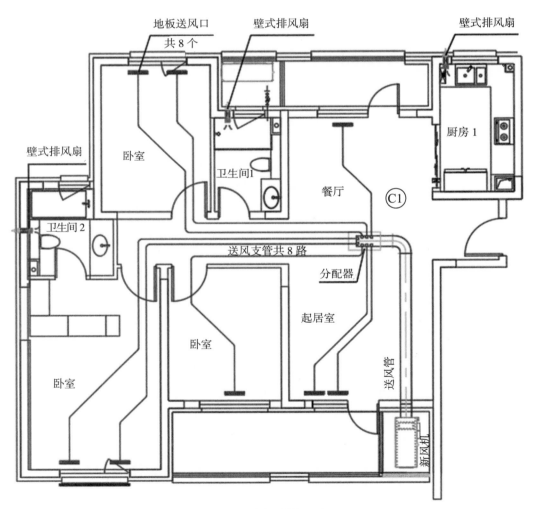

图 5-102　空调送排风平面图

图 5-103　空调水系统平面图

（1）模型调整

为了节能，通常空调运行期间，所有的外门、外窗都是关闭的，时刻与外界相连通的是新风口和排风口，因此在上文中的自然通风模型的基础上，需删除所有外门和外窗，并且假设所有的内门也是关闭的，仅通过门缝或者透风槽进行空气流动，此时仅需要将内门的高度由 2.2m 降低为 0.01m，就实现了门缝的建立，删除外门窗并建立门缝后的模型如图 5-104 所示。

（2）送风口与排风扇的建立

根据暖通平面图，确定送风口与排风扇的大小与位置，然后在模型中采用 Opening 模块建立送风口，采用 Fan 模块建立排气扇，设置方法和前文基本类似，此处不再赘述。建立完成以后的模型效果如图 5-105 所示。

（3）空调辐射板的建立

可以采用 Wall 模块来建立空调房间的辐射吊顶板，同时以此模块建立非空调房间的顶板，如图 5-106 所示（实为同一个模型，为便于观察分为左右两张图来查看）。

2）模型建立

（1）基本参数设置

对于气流组织（房间空调效果）的模拟相对于自然通风模拟来说，多了温度的计算，因此在进行模拟时需要打开温度求解器并设置相关温度边界条件，并考虑重力加速度的影响，设置重力加速度的方向沿 Z 轴负向，如图 5-107 所示。

（2）送风口参数设置

根据暖通空调图纸可知，单个送风口的风量为 60m³/h，计算出送风口出风风速为 0.333m/s，送风温度为 18℃，将这些参数设置到模型中，如图 5-108 所示。

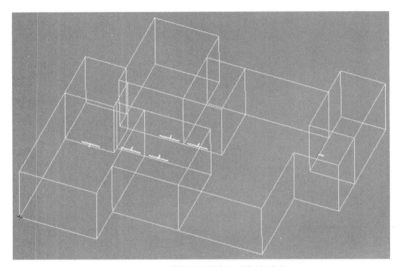

图 5-104 模型调整与门缝的建立

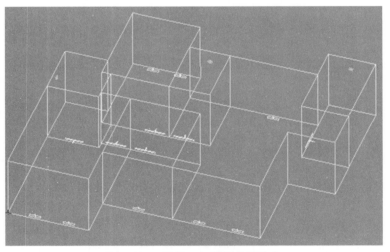

图 5-105 送风口与排风扇的建立

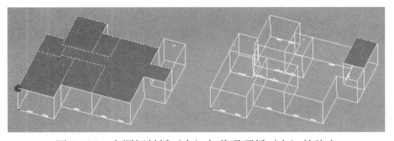

图 5-106 空调辐射板（左）与普通顶板（右）的建立

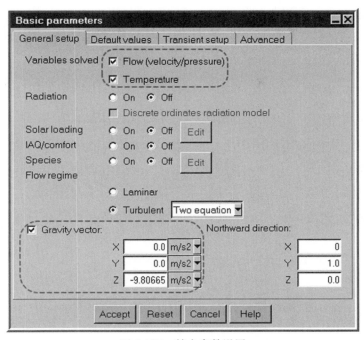

图 5-107　基本参数设置

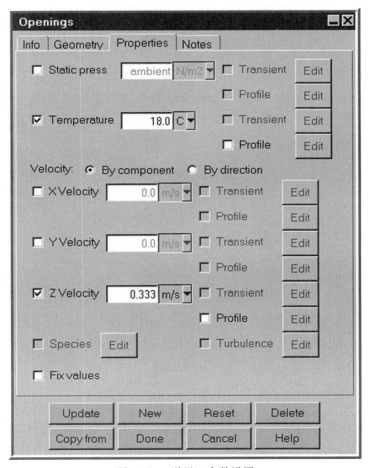

图 5-108　送风口参数设置

（3）排风扇参数设置

对于暖通空调设计来说，为了保持空调房间的微正压，往往排风扇的总排风量约为总送风量的80%，其余通过外门缝、外窗缝等渗透出去，为了满足 CFD 模拟时的质量守恒原则，在此设置排风扇的总排风量等于总送风量，因此可以计算出每个排风扇的风量为 159.84m³/h（0.0444m³/s），见图 5-109。

（4）空调辐射板参数设置

对于辐射板的模拟需设置其表面温度，其表面温度一般约为 19℃，点开用 Wall 模块建立的空调辐射板，设置即可，如图 5-110 所示。

3）模拟结果

其他参数设置、网格划分、模拟查看等请参考前文，不再赘述，此处仅展示风速与温度的模拟结果，见图 5-111 和图 5-112。

3 自然采光

对于室内自然采光模拟的方式比较，最常用快捷的就是采用 Ecotect 软件，本小节将基于 Ecotect 软件对室内自然采光进行模拟。由于其基本建模过程和日照模拟类似，因此，导入建筑底图部分不再赘述，从建模部分开始讲解。

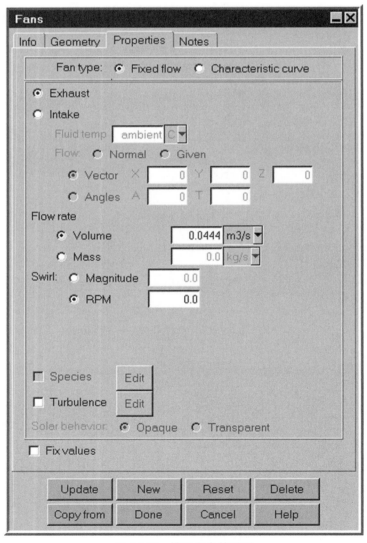

图 5-109　排风扇参数设置

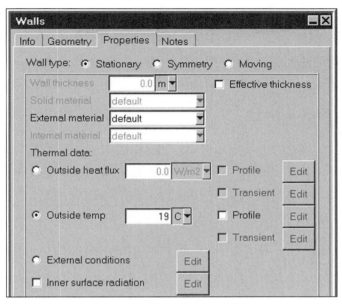

图 5-110　空调辐射板温度设置

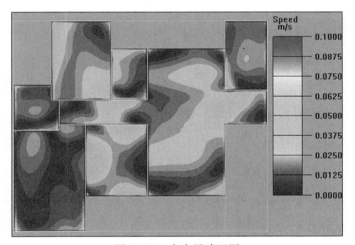

图 5-111　室内风速云图

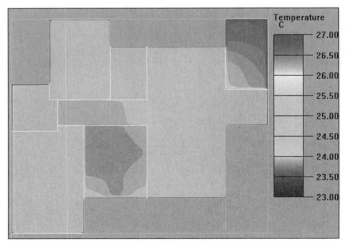

图 5-112　室内温度云图

1）建模

（1）绘制户型外轮廓

采用 Zone 工具沿着建筑底图描出户型的外轮廓，如图 5-113 所示。

（2）绘制内墙

采用 Partition 工具沿建筑底图描出内墙，如图 5-114 所示。完成以上两步后的模型效果如图 5-115 所示。

（3）绘制外窗

以一面墙上的窗的建模为例进行说明，窗户位于墙面的示意图如图 5-116 所示。绘制过程见图 5-117～图 5-122，选中其中一面墙（墙位于 xz 平面），点击 Add window 工具按钮，然后将鼠标至于墙面任一点（比如点 A），则会显示该点的坐标。将鼠标移动至该墙面的左下角顶点，则显示该点在整个模型中的

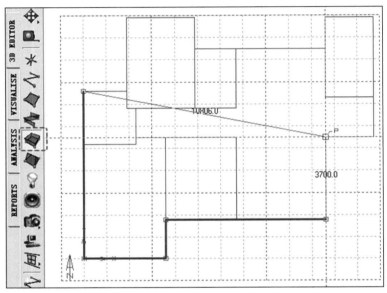

图 5-113　绘制户型外轮廓

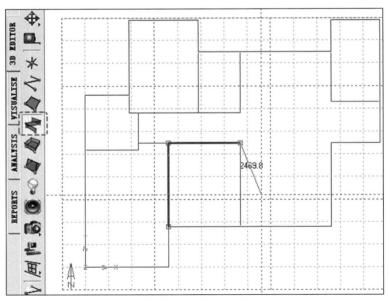

图 5-114　绘制内墙

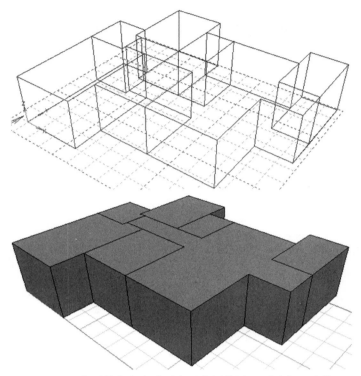

图 5-115　户型轮廓和内墙（上图为框线图，下图为 3D 图）

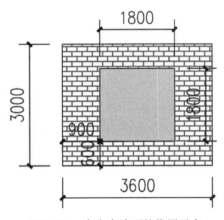

图 5-116　窗户在墙面的位置示意

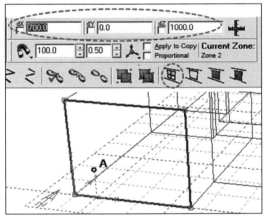

图 5-117　墙面任一点的坐标

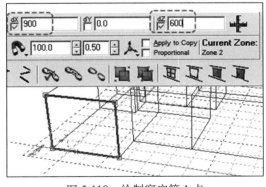

图 5-118　绘制窗户第 1 点

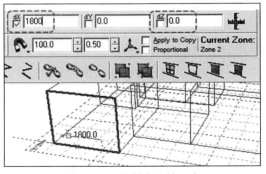

图 5-119　绘制窗户第 2 点

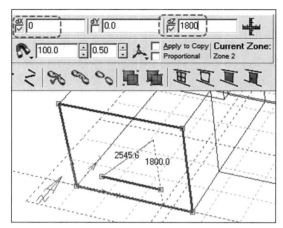

图 5-120　绘制窗户第 3 点

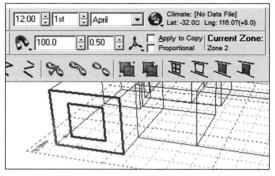

图 5-122　绘制完成后的窗户

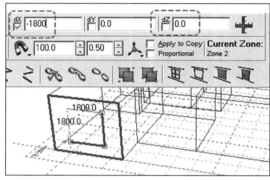

图 5-121　绘制窗户第 4 点

坐标（0，0，0），记下该点坐标，然后计算窗户左下角相对于该点位移（900，0，600），则窗户左下角的坐标为（900，0，600）（即（0+900，0+0，0+600）），将绘制窗户的鼠标置于该墙面区域，此时上方坐标栏中的 dx 坐标是带蓝色背景的，带蓝色背景的意思就是此时输入数字，则会输入到该处。然后在上方坐标栏中输入该点 dx 坐标 900，然后按 tab 键，调至 dz 栏，输入 600，点击回车即绘制了该窗户的左下点。然后在 dx 中输入 1800（相对于第 1 点的位移），点击回车，即绘制完成第 2 点，然后在 dz 栏输入 1800，点回车，即绘制完成了第 3 点，最后在 dx 处输入－1800，点回车就完成第 4 点绘制，然后按 Esc 键即完成该窗户绘制（注：也可以采用绘制辅助线的方式绘制窗户的第 1 点或其他点）。

（4）绘制内门洞口

绘制方法与绘制窗户一样，采用的工具为 Add void，绘制完成所有外窗和内门洞口模型见图 5-123。

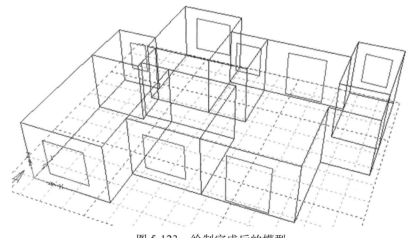

图 5-123　绘制完成后的模型

2）设置材质

由于顶棚、地板、墙面及窗户玻璃的材质都会对自然采光有一定的影响。Ecotect 中材质的设置或者新材料的建立在 Element library 中完成，如图 5-124 所示，点击工具栏中的"Element library"按钮或者在菜单栏中的 Model 中点击"Element library..."可打开材料库设置截面，点击"Edit library"可对 library 进行编辑，此处不做详细叙述。

设置完成相关参数之后，点击模型中的部件，比如窗，然后点击右侧材质设置界面"Material Assignments"，最后点击已设置好的材料即可，如图 5-125 所示。为了更方便快捷地修改材质，建模的时候可将同种类型的部件放在同一个 Zone 内，在修改材质时，可将其他 Zone 暂时隐藏，如图 5-126 点暗需要隐藏图层前灯泡💡，然后框选全部外窗，最后在"Material Assignments"中选择相应的材质即

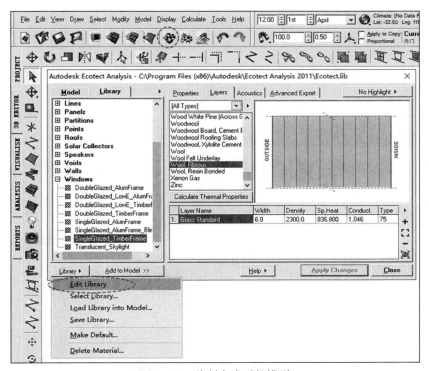

图 5-124　绘制完成后的模型

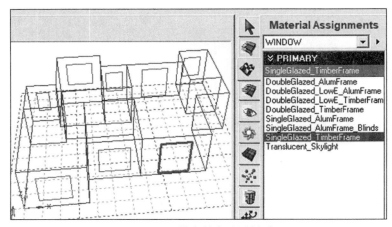

图 5-125　单个外窗设置材质

可，如图 5-127 所示。其他部位的材质的设置不再赘述。

3）网格设置

如图 5-128，点击"Display Analysis Grid"，模型中显示出默认的网格，但是网格比较粗大，需要加密，此时点击"Grid Management"，然后设置 X 向、Y 向的网格数为 80，如图 5-129 所示。网格加密之后，部

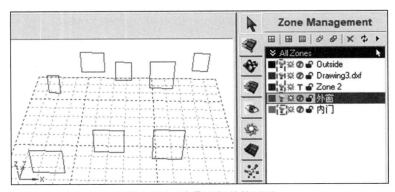

图 5-126　隐藏不相关的图层

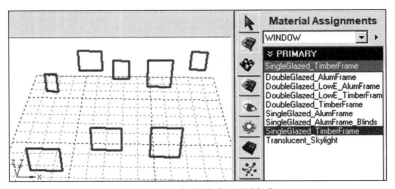

图 5-127　全部外窗设置材质

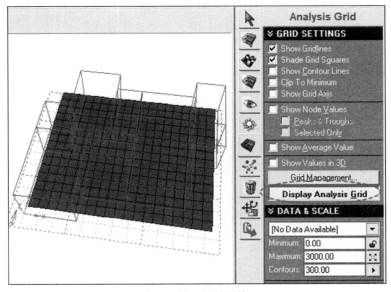

图 5-128　显示网格

分网格超出房间范围，需要点击"Auto-Fit Grid to Objects"进行设置，在弹出窗口中选择"Within"即可，如图 5-130 所示，最终效果见图 5-131 所示。

4）采光模拟

在右下角 Calculations 面板区域选择"Lighting Levels"，然后点击"Perform Calculation..."（或者在"Calculate"菜单下点击"Lighting Analysis..."），如图 5-132 所示。在弹出的对话框中直接点击"Skip Wizard"，如图 5-133 所示，Wizard 中的这些步骤均可在最后一步设置完成。点击"Skip Wizard"后，来到如图 5-134 所示的界面，按照该图所示的方式设置即可，然后点击 OK 进行自然采光模拟。模拟结果如图 5-135 和图 5-136 所示，其中图 5-136 为采光系数大于 2% 的区域。

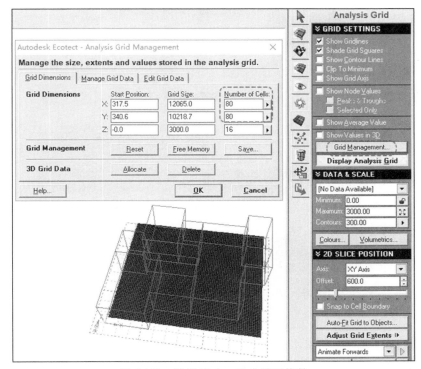

图 5-129　设置 X 向、Y 向的网格数

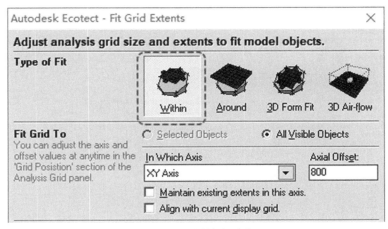

图 5-130　网格自适应

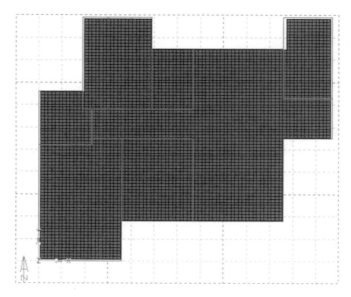

图 5-131　调整后的网格

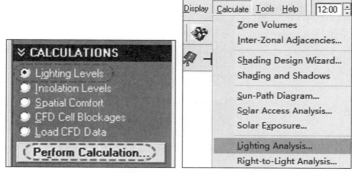

图 5-132　打开模拟计算面板

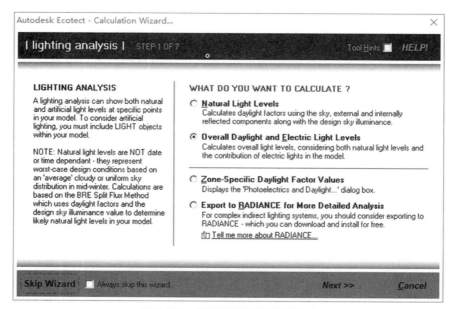

图 5-133　模拟计算面板首页界面

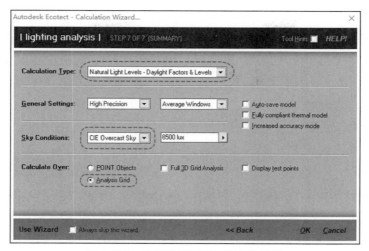

图 5-134　模拟计算面板尾页参数设置

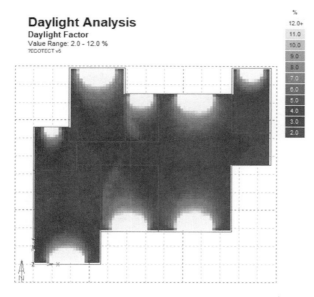

图 5-135　采光模拟结果（一）

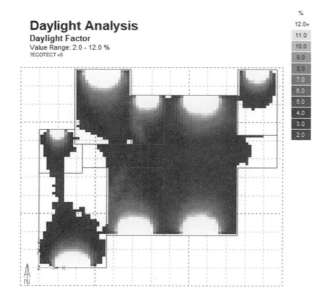

图 5-136　采光模拟结果（二）

三、围护结构

1 负荷和能耗

建筑负荷计算与能耗模拟技术是进行建筑方案设计、建筑节能分析、设备运行优化等的重要手段。在学术研究和工程应用中常采用的负荷和能耗计算软件有 EnergyPlus、OpenStudio、DesignBuilder、eQuest、IES VE、DeST、Honeybee、鸿业和天正负荷计算软件等,其中 DesignBuilder 是相比较其他基于 EnergyPlus 内核而开发的具有友好用户界面,是模拟软件最好用的一个,本书将采用 DesignBuilder 对于负荷和能耗进行讲解。

1) DesignBuilder 软件介绍

图 5-137 为进入 DesignBuilder 软件的初始界面,其中上部为菜单栏及工具栏,左侧为 DB 数据库,包含 Recent Files(最近文件)、Component Libraries(部件库)、Template Libraries(模板库),右侧为信息及帮助栏。

点击工具栏的新建按钮▢,进入新建一个项目的向导界面,如图 5-138 所示,点

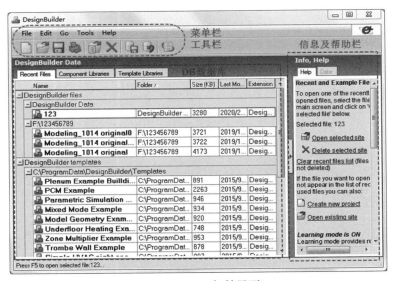

图 5-137　DB 初始界面

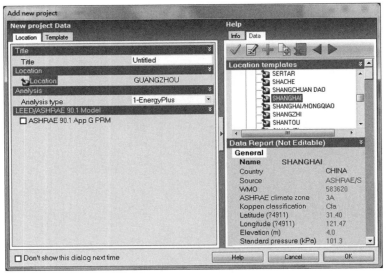

图 5-138　DB 新建项目向导界面

击 Location，在右侧数据栏中选择项目地点，如上海，然后点击 OK，进入工作界面，见图 5-139。

DesignBuilder 的建模、负荷及能耗模拟等绝大部分工作将在该界面进行。DesignBuilder 中的工具栏不是固定不变的，它是根据导航栏或者模型被选中对象的级别的不同而相应变化，如图 5-140 ～图 5-142 所示。

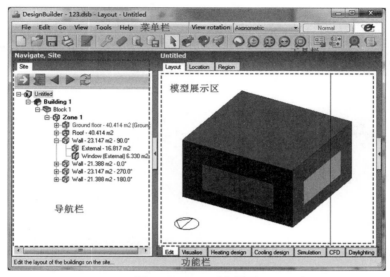

图 5-139　DB 工作界面

图 5-140　Site 级别下的工具栏

图 5-141　Building 或 Block 级别下的工具栏

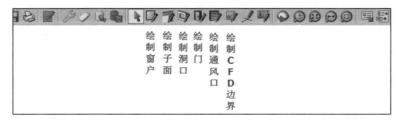

图 5-142　Roof 或 Wall 级别下的工具栏

DesignBuilder 的功能栏包含编辑（Edit）、可视化（Visualise）、热负荷（Heating design）、冷负荷（Cooling design）、模拟（Simulation）、气流模拟（CFD）、采光（Daylighting）、费用和碳（Cost and Carbon）。功能栏的每个功能标签又对应一排参数设置栏，如图 5-143 所示，编辑（Edit）功能栏对应上方的一排参数设置标签，在此可以完成几何建模（Layout）、设备人员参数设置（Activity）、围护结构参数设置（Construction）、窗参数设置（Opening）、照明参数设置（lighting）、空调参数设置（HVAC）等，这些将在下文进行讲解。

2）负荷模拟

以某小办公楼为例进行讲解，该办公楼的平面图、立面图见图 5-144～图 5-147。

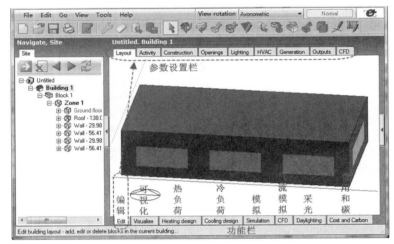

图 5-143　DB 功能栏

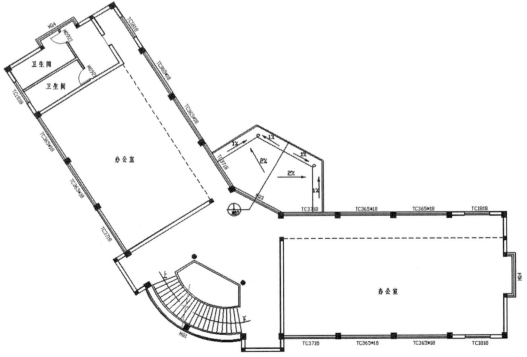

图 5-144　楼层平面图（各楼层平面布局类似，以此为代表）

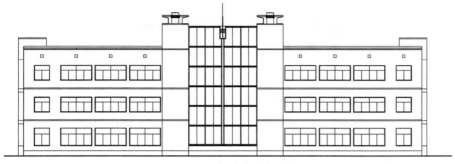

图 5-145　背面展开立面图

图 5-146　正面展开立面图

图 5-147　侧面图

（1）建模

①建筑底图处理及导入

建筑底图的处理方法和前文类似，但是在做符合和能耗模拟是有个"Zone"的概念，应在处理底图时将同一楼层功能一样的房间划分为一个 Zone，比如将女卫生间和男卫生间统一归为一个 Zone 卫生间。具体步骤为"File"→"Import"→"Import 2-D drawing file"，如图 5-148 所示，然后在弹出的对话框的"Filename"的右侧点击选择 DXF 底图文件，注意该文件路径不能出现中文，并将

"Units"设置和 DXF 的图形单位设置一样，然后点击"Next"，如图 5-149 所示。在弹出的对话框中选择需要导入的图层（即底图线所在的图层），如图 5-150 所示。在菜单栏右侧的"View rotation"处选择"Plan"（平面视图），显示如图 5-151 所示，底图导入完成。

②添加建筑（Building）

在工具栏上点击，然后界面如图 5-152 所示，导航栏出现一个新的 Building1，工具栏多一些功能按钮（参见前文图 5-141）。

③绘制楼层模型（Block）

点击工具栏的（Add new block），在导航栏下方出现"Drawing Options"功能区，在绘制楼层轮廓之前，需先在此处设置 Block type（Block 类型）、Height（层高）、Shape 等内容，沿着建筑外轮廓绘制成封闭图形，则自动生成一个楼层的 Block，如图 5-153 所示，该 Block 自动生成外窗（该窗生成是依据 DB 模板中的默认的窗墙比而生成，可用于项目前期的规划设计，而此处应以实际情况设置外窗，暂时不用管该处自动生成的外

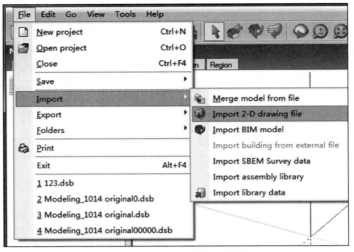

图 5-148　导入建筑底图（一）

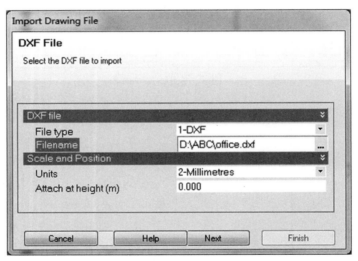

图 5-149　导入建筑底图（二）

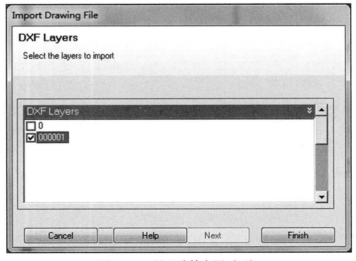

图 5-150　导入建筑底图（三）

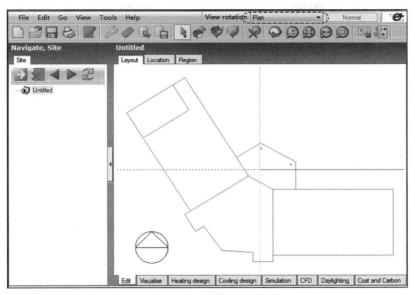

图 5-151　导入建筑底图（四）

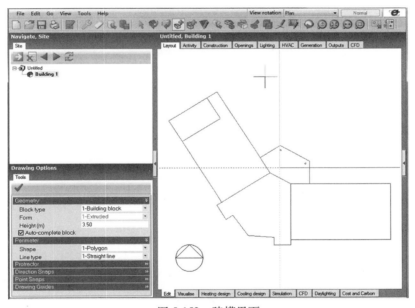

图 5-152　建模界面

窗，待设置完成内部房间后，删除这些外窗，然后依据实际情况绘制外窗）。此时，导航栏 Building1 下方出现了 Block1 及 Zone1，其中 Building 可以理解为一栋建筑或者一个小区（含多栋建筑），Block 可以理解为楼层，一栋建筑或者一个小区可以有多个 Block 叠和而成，Zone 可以理解为楼层内功能相近且相连房间的合集。建立一个新的 Block 会默认自动生成一个 Zone，可以根据实际情况建立新的 Zone。通常各个楼层的 Block 都建出来（标准层建一个即可），然后再将各个 Block 组合成一栋建筑。

④绘制 Zone

点击导航栏中的 Block 或者双击模型区的 block 模型，进入 Zone 层级，选择视图为平面视图，点击工具栏中的 📝（Draw partitions）按钮，沿建筑底图绘制 Zone，完成后的效果如图 5-154 所示。

⑤重命名相关部件

在右侧导航栏中点击2次（中间略微停顿）Building1，即可对其重命名，改为"Office Building"，同样将 Block1 改为"1F"，根据平面图功能将 Zone1 ～ Zone4 改为"office1""office2""wc""hall"，如图 5-155

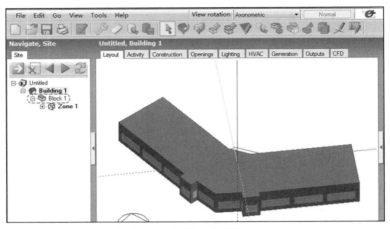

图 5-153　新建一个楼层 Block

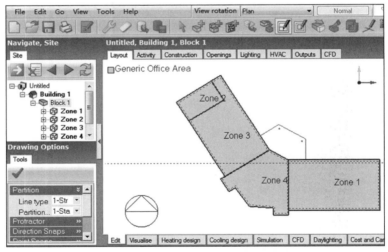

图 5-154　绘制 Zone

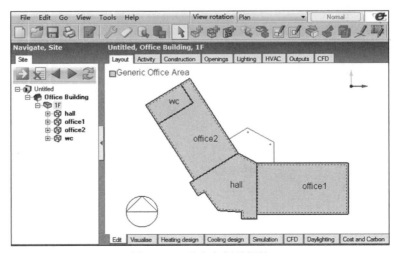

图 5-155　重命名相关部件

所示（注：重命名的目的是便于后期区分）。

⑥绘制外窗

绘制外窗前需要删除自动生成的窗，在 Building 层级进行框选，选中的外窗会变成红色显示，然后点击 Delete 即可删除，见图 5-156 和图 5-157。

选中导航栏的 wc（Zone），在模型中双击需要添加外窗的墙面，此时工具栏相应的发生变化（参见图 5-142）。如要准确的定位外窗，需要先画辅助线，点击工具栏中的 ✎（画线），画出窗对角的 2 个点，如图 5-158 所示。然后点击工具栏中的 ◰ （Draw window），

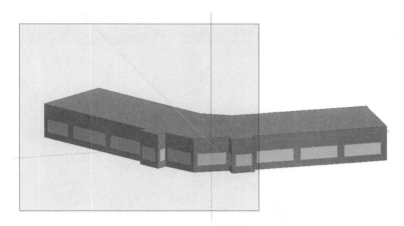

图 5-156　框选外窗

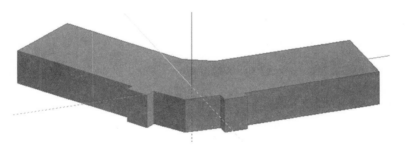

图 5-157　外窗删除后的模型

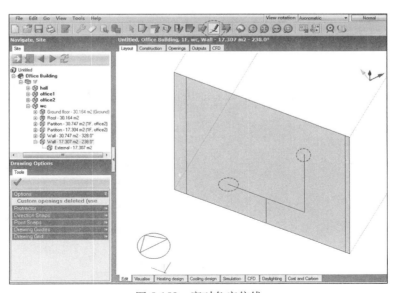

图 5-158　窗对角定位线

绘制外窗，如图 5-159 所示。根据此方法，绘制其他所有外窗，绘制完成后效果见图 5-160。

⑦复制其他楼层

点击导航栏中的"Office Building"进入 Building 层级，在模型区单击 Block 模型，此时模型变为红色，然后点击工具栏中的 🔧（复制）按钮，选中一个基点进行复制，见图 5-161，复制完成 2 层和 3 层模型，并在左侧导航栏内将复制的 Block 名字改为"2F"和"3F"，完成后的效果见图 5-162。

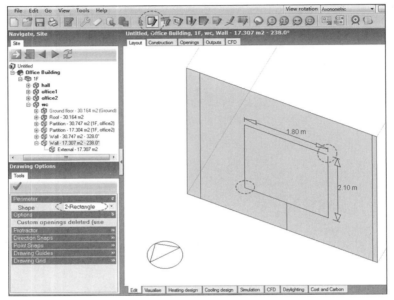

图 5-159　绘制外窗

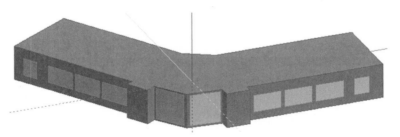

图 5-160　实际外窗完成图

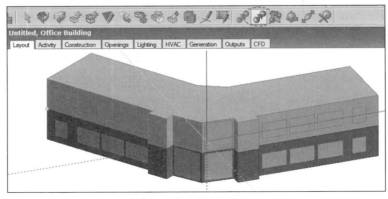

图 5-161　复制 Block

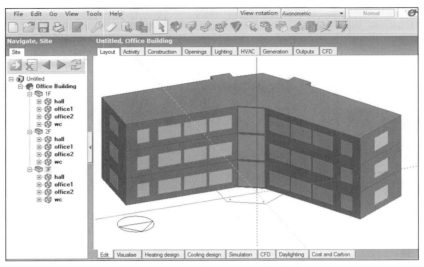

图 5-162　复制 Block 完成效果图

⑧绘制 4F 模型

绘制 4F 模型 Block，并将其移动到 3 层上方，如图 5-163 所示。

⑨绘制 1F 大门上方的挡雨棚

将建筑底图移动到 1F 与 2F 之间。点击工具栏的（Add new block），在导航栏下方出现的 "Drawing Options" 功能区中 Block type 选择 "Component block"，Height 设置为 0.1m，然后沿着建筑底图进行挡雨篷绘制，如图 5-164 所示，完成后的建筑模型如图 5-165 所示。

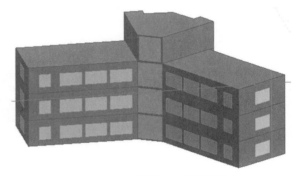

图 5-163　绘制 4F 后的模型

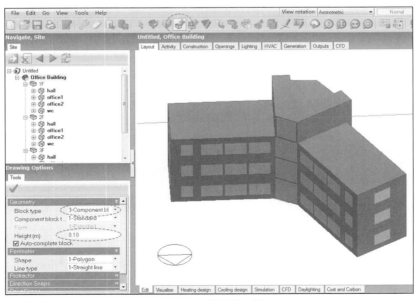

图 5-164　绘制挡雨篷

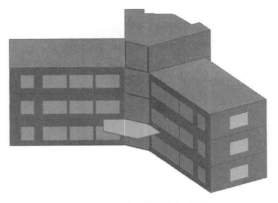

图 5-165　建筑模型完成版

（2）参数设置

首先，由于 DesignBuilder 参数设置的继承原则——子层级继承其上一层级的参数，Block 继承 Building 的参数，Zone 继承 Block 的参数，如图 5-166～图 5-168 所示，这种方式便于对模型进行参数设置，该楼是办公楼，办公室（Zone 类型）出现的频次最多，可以设置一个办公室的参数模板（Generic Office Area），将该模板指定给 Building 层级，那么下面的 Block、Zone 都将继承该模板参数，对

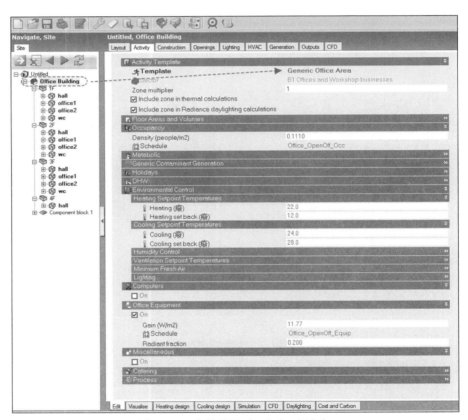

图 5-166　参数继承（Building 层级）

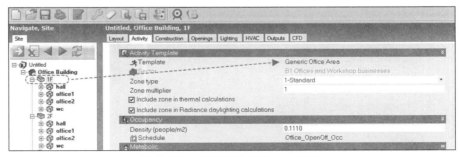

图 5-167　参数继承（Block 层级）

于 hall 与 wc 这两处非 Office 区，重新设置一个新的模板，分别单独指定给各楼层的 hall 与 wc 即可。

　　① Activity 设置

　　建立新的 Activity Template 模板。在 Building 层级，点击 Template 右侧的"…"，打开 Activity Template 模板库，如图 5-169 所示，其下方的 [+] [复制] [编辑]，分别为"新建一个模板""复制当前模板""编辑当前模板"。点击 [复制] "复制当前模板"，随后出现一个新的模板"Copy of Generic Office Area"，然后再点击 [编辑]，对"Copy of Generic Office Area"模板进行编辑，弹出窗口见图 5-170，

根据设计或实际情况进行相应设置即可。同理，可以对 hall 和 wc（Zone 层级）进行 Template 设置，设置完成后指定给其他 hall 和 wc 即可。当然也可以在 Activity 标签界面下对各个层级的对象进行个性化设置，一般不建议这样设置，容易混乱，建议采用 Template 的方式设置，便于修改与管理。

　　在 Activity 参数设置区，可以设置人员密度、人员活动表（Schedule）、设备功率密度、设备工作时间表、室内环境温度设定、自然通风温度设定、照度标准等，如图 5-171 所示。注意此处的照度标准和 Lighting 参数设置中的功率会发生联动。

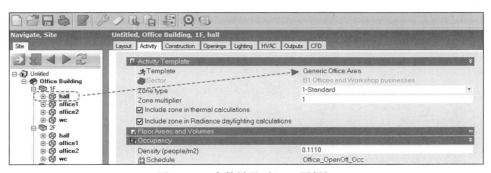

图 5-168　参数继承（Zone 层级）

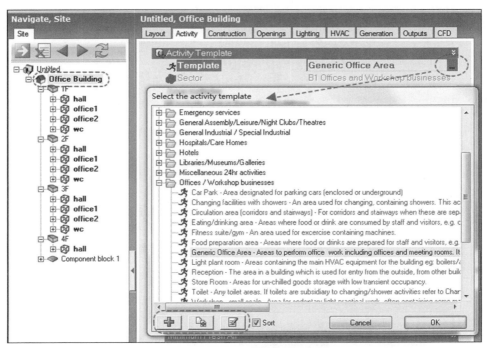

图 5-169　打开 Activity Template 模板库

② Construction 设置

在 Construction 功能标签下，根据设计图纸中的围护结构参数设置一个新的 Construction Template 即可，如图 5-172 所示。可根据实际情况进行墙体参数设置，点击墙体右侧"..."，在弹出的对话框中复制一个新墙体，然后对其进行编辑，在弹出的对话框中设置墙体材料层数，设置每一层材料厚度及材料热工参数，如图 5-173 和图 5-174 所示。

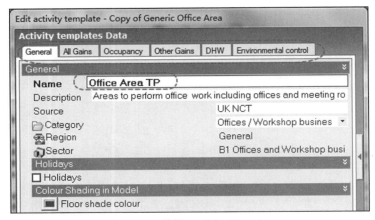

图 5-170　编辑 Activity Template

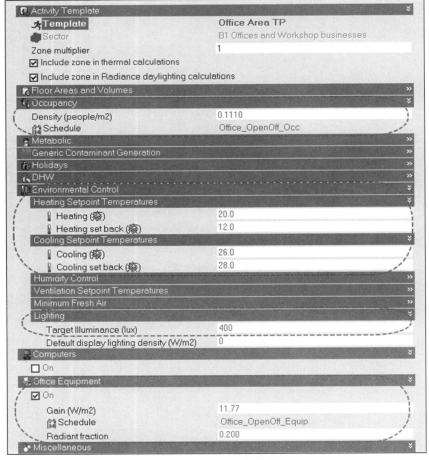

图 5-171　Activity 参数设置

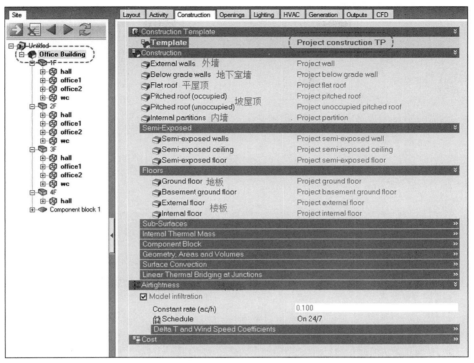

图 5-172　Construction 参数设置

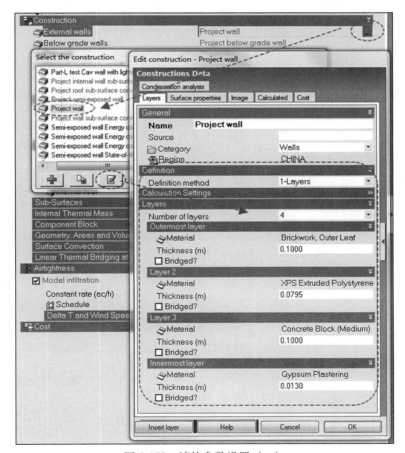

图 5-173　墙体参数设置（一）

③ Opening 设置

Opening 的设置同样建议设置一个新的 Glazing Template，主要设置"Glazing type"和"Frame and Dividers"即可，见图 5-175。该模型的窗户是依据实际尺寸画的，此处的窗墙比参数对模型无效。

④ Lighting 设置

在 Lighting 参数设置区下，主要设置照明功率密度及照明工作时间即可（同样建议设置多个 Template，不同 Zone 类型采用不同的 Template，便于修改与管理），如图 5-176 所示。

⑤ HVAC 设置

office 和 hall 为空调区，勾选"Heated"和"Cooled"，并设置其运行时间表（Schedule），wc 为非空调区，取消对"Heated"和"Cooled"的勾选，如图 5-177 和图 5-178 所示。

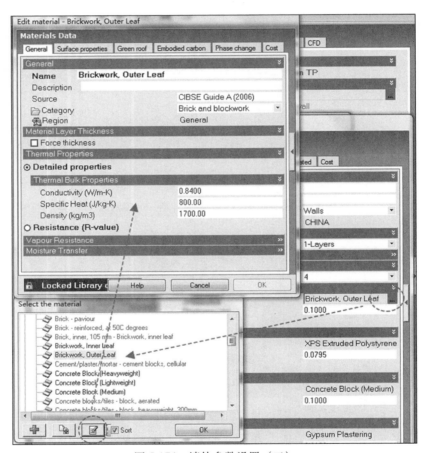

图 5-174 墙体参数设置（二）

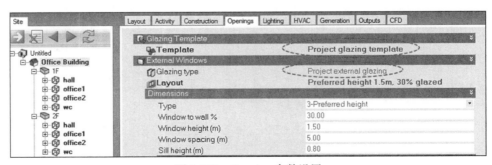

图 5-175 Opening 参数设置

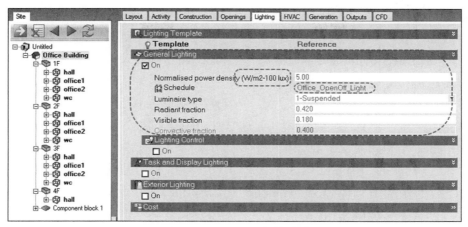

图 5-176　Lighting 参数设置

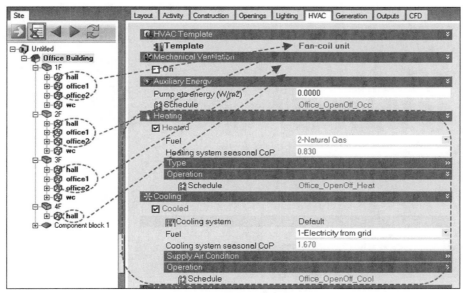

图 5-177　HVAC 参数设置（一）

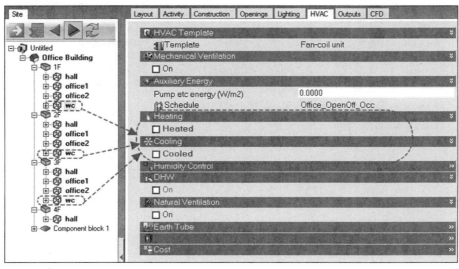

图 5-178　HVAC 参数设置（二）

（3）模拟及结果

以上参数都设置完后，点击下方功能栏中的 Heating design 和 Cooling design 分别计算热负荷与冷负荷，参见图 5-179 ～图 5-184 所示。

3）能耗模拟

DesignBuilder 对于空调系统的模拟从简单到复杂有三种形式"Simple""Compact""Detailed"（其设置在工具栏的 Model Options 中的 HVAC 栏目下，如图 5-185 所示），其中"Simple"主要用于负荷计算（Ideal Loads），

前文的负荷计算就是采用此模式，"Compact"模式下空调系统形式是采用 Energyplus 中的 Compact HVAC，可以理解为小型化的整体式的空调系统，每个空调房间（Zone）均设置一套 Compact HVAC，该模式下不需要像"Detailed"模式每个空调模块都要自己建立并关联，仅需要在"HVAC"参数设置栏设置相关模型参数即可，这样比较快速高效，如图 5-186 所示，"Detailed"模型则需要自己搭建空调系统，相对复杂，需要对空调系统有深刻的理解与认识，本文不做详细介绍。

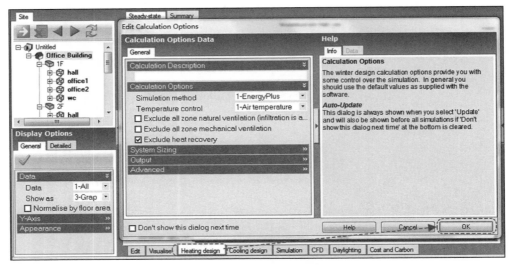

图 5-179　热负荷计算

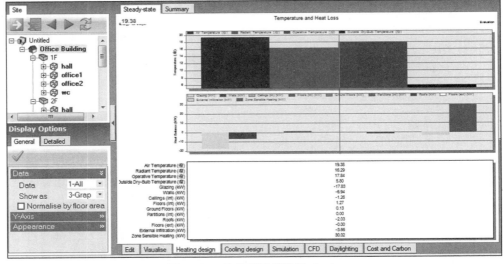

图 5-180　热负荷计算结果（一）

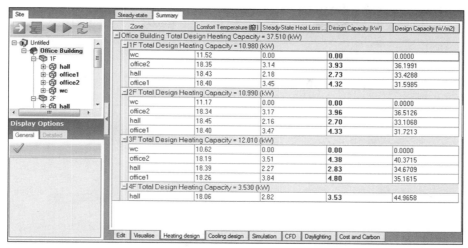

图 5-181　热负荷计算结果（二）

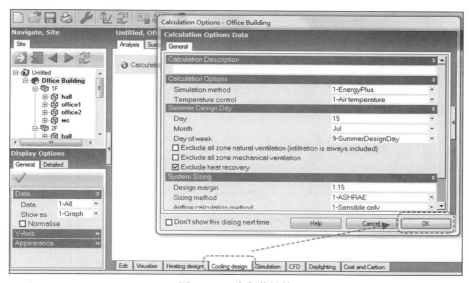

图 5-182　冷负荷计算

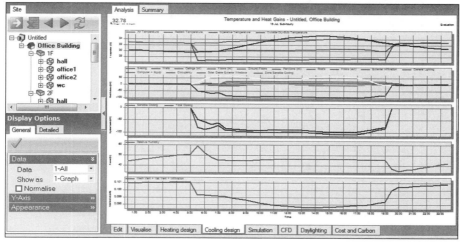

图 5-183　冷负荷计算结果（一）

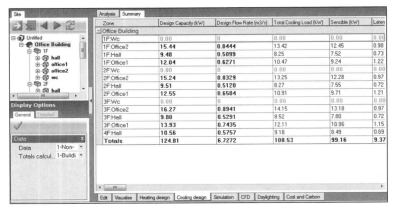

图 5-184　冷负荷计算结果（二）

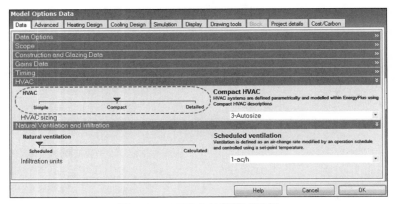

图 5-185　HVAC 计算模式选择

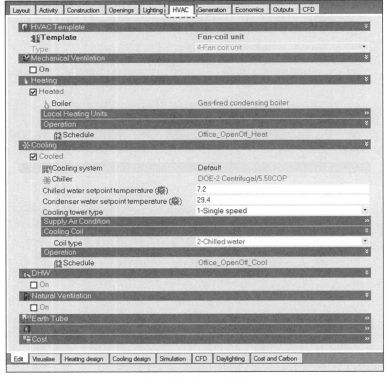

图 5-186　HVAC 设置

根据空调方案对 HVAC 模块下的参数进行设置，设置完毕后，下方功能栏中的"Simulation"，在弹出的对话框中设置模拟的时间段、模拟输出的步长、模拟所需要输出的数据，如图 5-187 和图 5-188 所示，然后点击 OK 进行模拟计算，等待模拟完成即可。

不同级别下（Building、Block、Zone）其结果均会进行相应的展示在左下角可以选择结果展示的时间单位与时间周期，如图 5-189 和图 5-190 所示。

2 墙体

对于墙体来说，主要关注的是其热工性能，可以借助 DesignBuilder 软件 Construction 参数设置模块对墙体进行编辑与热工性能计算。在墙体创建面板下的 Layers 标签下，可以设置墙体材料层数、指定各层材料、各层材料的厚度，插入及删除材料层，点击材料层可以对墙体材料进行更改或重新定义，如图 5-191 ～图 5-193 所示。

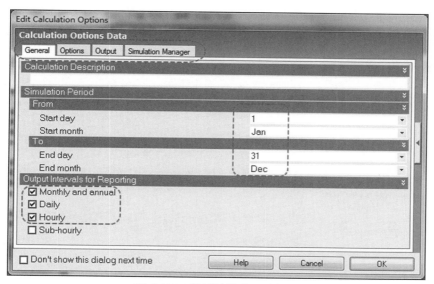

图 5-187　模拟计算设置（一）

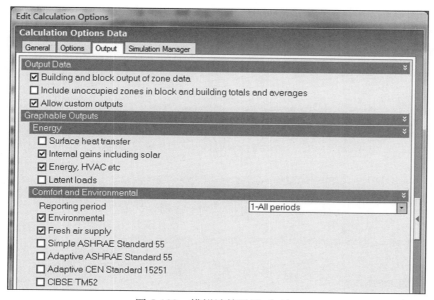

图 5-188　模拟计算设置（二）

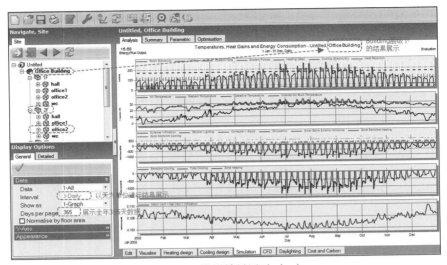

图 5-189　模拟结果展示（一）

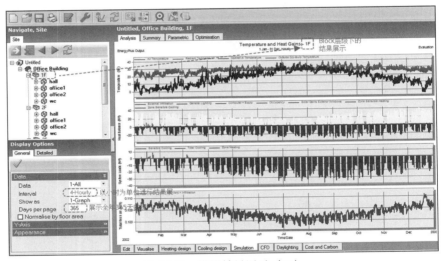

图 5-190　模拟结果展示（二）

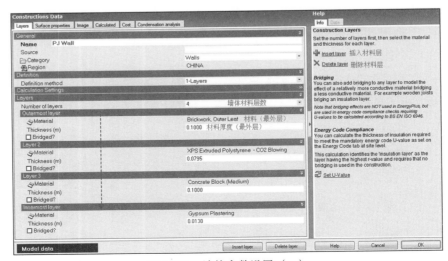

图 5-191　墙体参数设置（一）

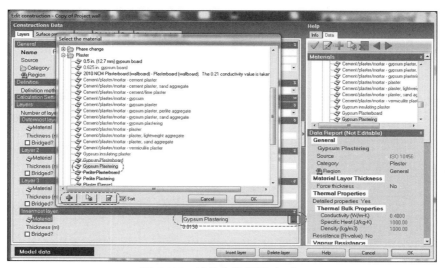

图 5-192　墙体参数设置（二）

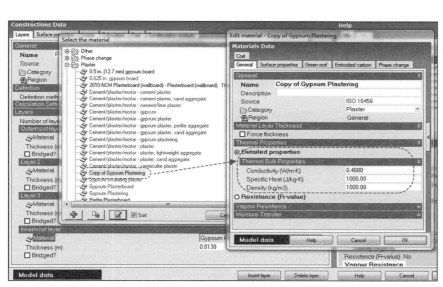

图 5-193　墙体参数设置（三）

墙体参数设置完成后，点击 Calculated 标签即可得到墙体的热工性能参数，如图 5-194 所示。

点击 Condensation analysis 标签，展示对墙体在冬季结露风险进行分析，结果如图 5-195 所示。

3　窗户

在绿色建筑模拟领域，对于窗户来说，一般需要知道算其传热系数、太阳能总透射比（SHGC）、遮阳系数（SC）即可，采用 DesignBuilder 可进行简单计算。对于详细计算窗框、玻璃组合成整窗的性能，一般可以采用 THERM+Window，对窗框型材及玻璃进行建模，综合计算，这样比较复杂，一般窗户生产厂商采用此做法比较多，这里介绍采用 DesignBuilder 的简单做法。在 Opening 参数设置模块下，对窗进行编辑，可以设置玻璃层数、指定或新建玻璃材料、设置空气层厚度，如图 5-196 和图 5-197 所示，设置完成后，点击 Calculate 进行计算，结果如图 5-198 所示。

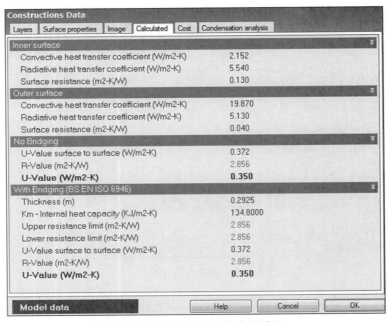

图 5-194　墙体热工性能参数结果

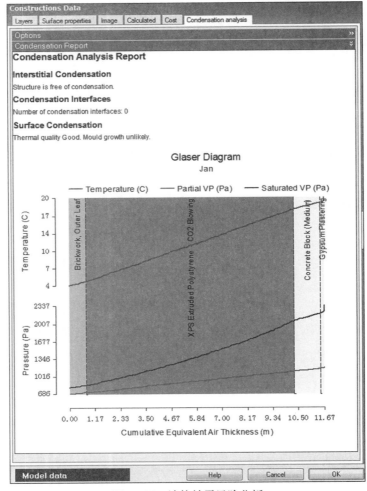

图 5-195　墙体结露风险分析

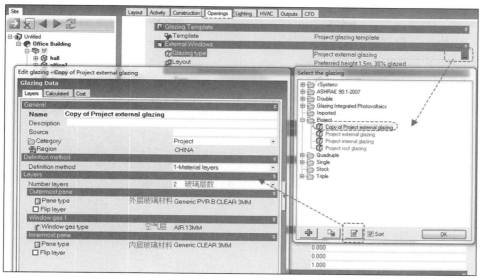

图 5-196　窗户参数设置（一）

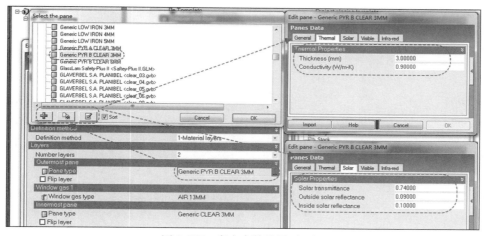

图 5-197　窗户参数设置（二）

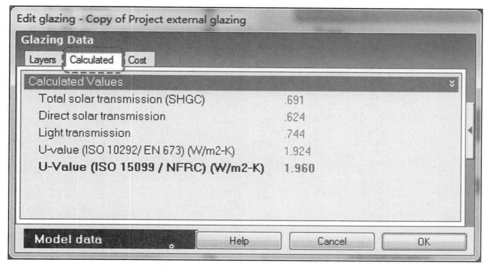

图 5-198　窗户热工性能模拟结果